わが人生 20

◉株式会社ヨロズ（CEO）
志藤昭彦

町工場からグローバル企業へ

―苦難を乗り越えて―

神奈川新聞社

旭日小綬章伝達式の日。長年支えてくれた妻の多恵子と＝2013年5月

町工場からのスタート

（上）創業の地である横浜市鶴見区に立つ本社工場。当時の社名は萬自動車工業＝1957年頃
（中）1960年頃
（下）1957年頃

(上)本社工場を横浜市港北区樽町に移転。敷地は約５倍になった＝1960年
(中)本社工場組み立てライン＝1964年、横浜市港北区
(下)第1期工場が完成したばかりの小山工場。横浜以外への初進出だった＝1969年、栃木県

サスペンション主体の専門メーカーとして

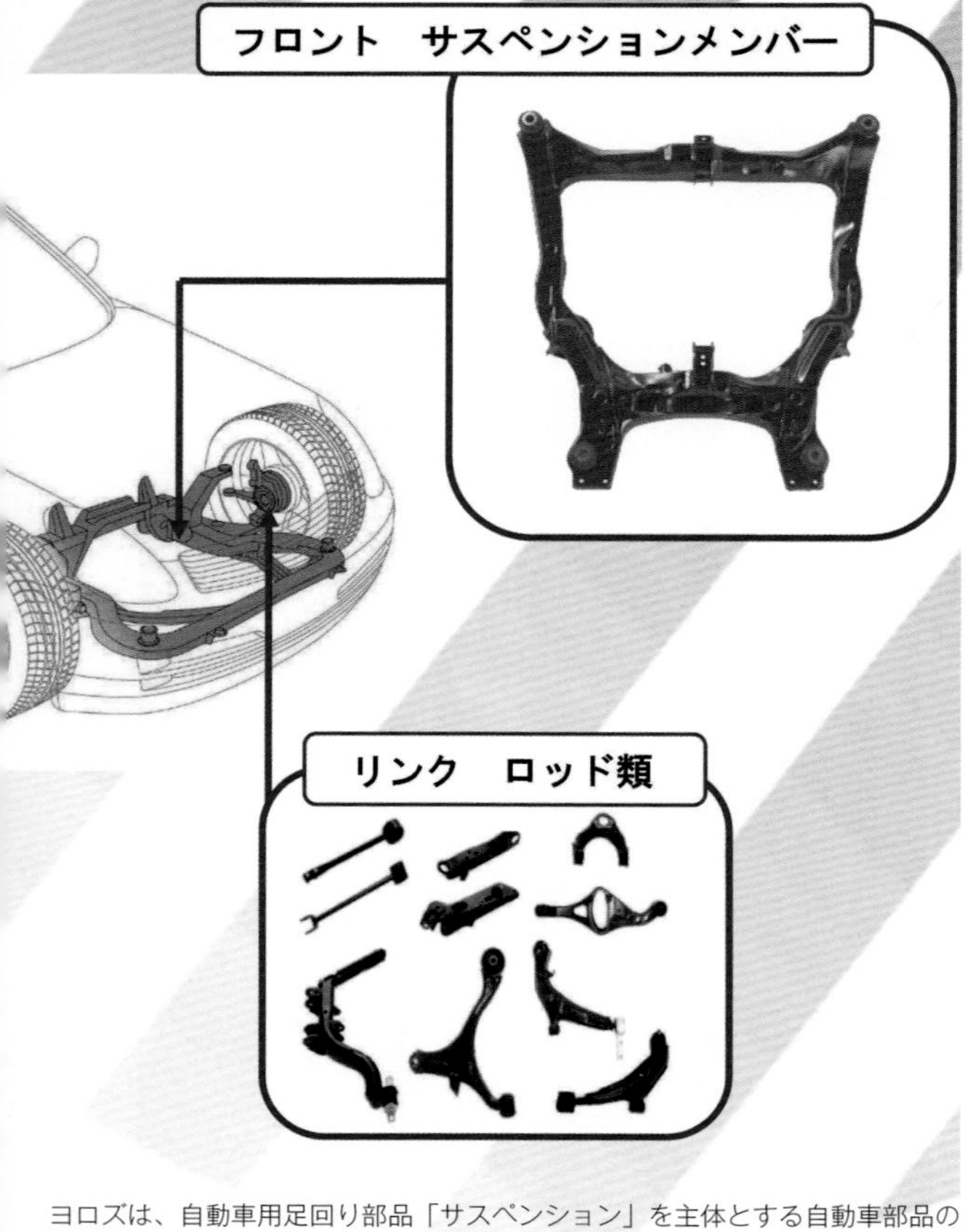

ヨロズは、自動車用足回り部品「サスペンション」を主体とする自動車部品の専門メーカーです。「社会貢献を第一義とし、たゆまぬ努力で技術を進化させ、人びとに有用な製品を創造する」ことが当社の存在意義です。

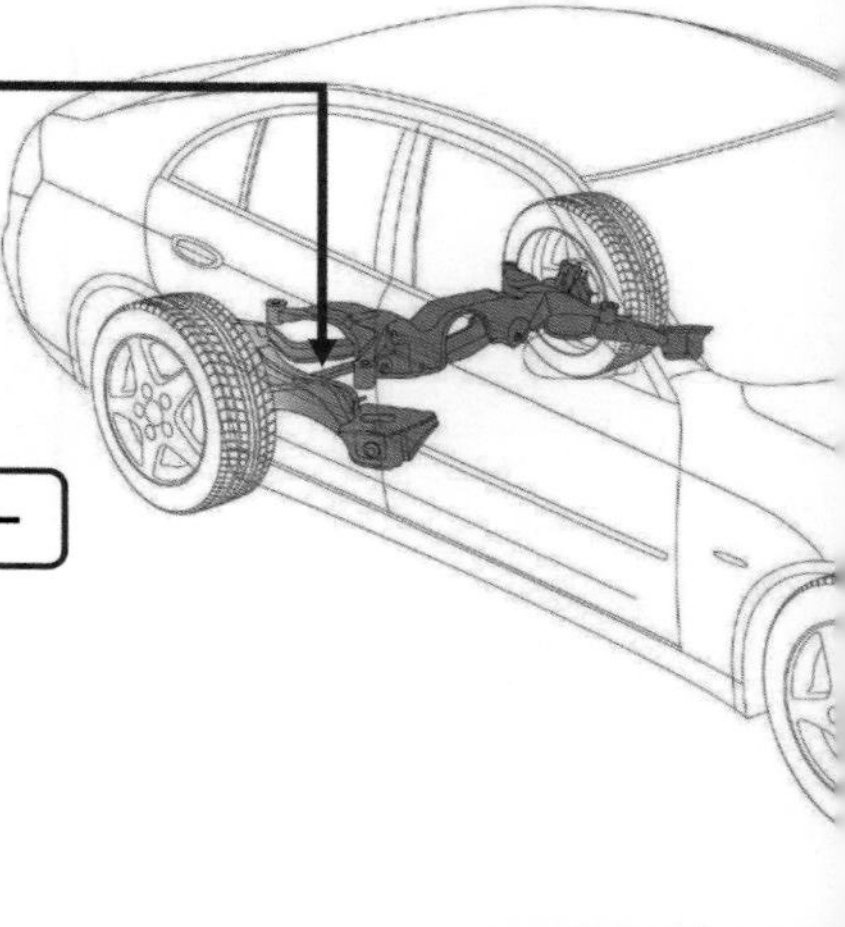

リア　サスペンションメンバー

ブレーキペダル

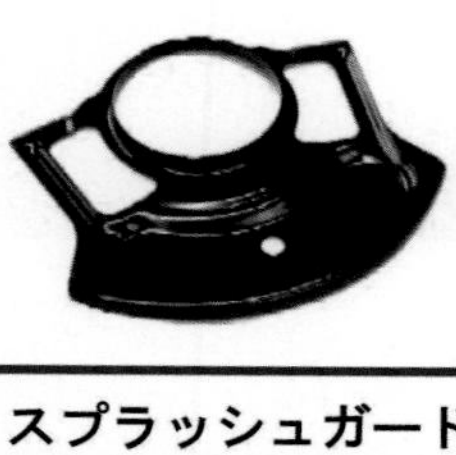

スプラッシュガード

オイルパン

グローバル企業へ

ヨロズは横浜本社、YOROZUグローバルテクニカルセンター(栃木県)のほか、ヨロズグループとして国内にヨロズエンジニアリング(山形県)、ヨロズ栃木、ヨロズ大分、ヨロズ愛知、庄内ヨロズ、また海外では米国、メキシコ、ブラジル、タイ、中国、インド、インドネシアに生産拠点を持っています。

(上)初の海外拠点カルソニック·ヨロズ·コーポレーションの開所式にて＝1988年、米国テネシー州
(中)ヨロズメヒカーナ10周年記念式典＝2003年、メキシコ
(下)ヨロズオートモーティブグアナファト デ メヒコ開所式イベント＝2014年、メキシコ

（上）武漢萬宝井汽車部件有限公司の開所式
＝2010年、中国・武漢市
（左）广州萬宝井汽車部件有限公司の開所式イベント
＝2005年、中国・広州市

（右上）ヨロズタイランド開所式。中央は三浦昭ヨロズ社長（当時）＝1997年、タイ
（上）ヨロズオートモーティブインドネシア開所式＝2014年、インドネシア
（右）ヨロズオートモーティバ ド ブラジル開所式＝2015年、ブラジル

生き残りを懸けて

日産再生計画

県内部品メーカーに波紋

血のにじむ努力が

渦巻く不安、新たな難

約2時間かけて日産リバイバルプランの説明を受けた取引会社のトップら＝東京都内のホテル

日産村山工場閉鎖 生産の一部 追浜に

キューブとマーチ

厚木テクニカルセンター大幅強化の方針

（上）日産自動車のリストラ策を報じる1999年の神奈川新聞記事

（中）米国のタワーオートモーティブ社との提携を自動車工業会記者クラブで発表＝2000年

（下）左から日産、ヨロズ、タワー社による調印式＝2000年

ピンチをチャンスに

（右）つねに現場第一主義。「細かく、うるさく、しつこく」＝2021年、ヨロズ愛知

（上）100年企業を目指して＝2019年、中国・武漢市の工場拡張工事の現場にて

町工場からグローバル企業へ

——苦難を乗り越えて——

本書は神奈川新聞「わが人生」欄に２０２０（令和2）年9月1日から11月30日まで、62回にわたって連載されたものに加筆しました。本文中の内容は、特に注記のない限り、新聞連載当時のものです。

はじめに

私の人生は、父の設立したヨロズという会社と切り離すことができません。横浜・鶴見に工場があり、自宅も同じ敷地にありました。父や社員が真っ黒になってものづくりをしている姿を見て育ち、社員は皆、家族のような友人のような親しい存在でした。長じてごく自然にヨロズに入社し、日本の高度経済成長とモータリゼーションの発展を背景に、日産自動車系列の自動車部品メーカーとして懸命に仕事に向き合ってきました。

海外進出の話はこうした流れの中で、降って湧いたように飛び込んで来ました。まさか自分たちが外国で事業を行うとか、外国人相手にビジネスをするなど思ってもいませんでした。しかし三十年余りが経った現在、当社はアジアや南北アメリカの各国に生産拠点を有し、社員の約7割が外国人です。しみじみと不思議な気がします。

次々と現れる苦難―その中には日産系列の解消という大きな転換もありました―に無我夢中で取り組み、気が付いたらグローバル企業と呼ばれるようになっていました。

しかし、ヨロズの原点は鶴見の町工場です。

手を動かしてものをつくる尊さ、大切さ、楽しさ。すべての社員を1人の個人として尊重し、その生活や家族にも会社として責任を持つという意識。こうした町工場のDNAが、現在のヨロズに受け継がれています。そんな思いを書名に込めました。

本書は私個人やヨロズの記録であるとともに、図らずも日本の自動車産業が歩んできた記録の一端にもなったように思います。読者の皆さまには、往年の日本車やそれらを巡る当時の状況に関連し、さまざまな思い出がおありでしょう。そんなことも懐かしく回想しながら読んでいただけたら幸いです。

なお、本書では社名の敬称を省略させていただきます。関係各社の皆さま、どうかご了承ください。

また本書では正規社員、派遣社員、定年退職後に再雇用した契約社員といった、当社で働くすべての社員を総称して「社員」と言い表しています。

目次

第一章　少年時代——鶴見川河口のまちで

自動車部品を七十余年

自動車はいくつくらいの部品からできているか、ご存じですか。約2万〜3万点といわれています。大きな部品として、たとえばエンジンやサスペンション、ドアなどがあり、これらはさらに小さな多数の部品から構成されています。

私が会長を務める「ヨロズ」はサスペンションを主に製造する自動車部品メーカーです。自動車のサスペンションとは、タイヤと車体をつないで車体の重みに耐え、路面からの衝撃や振動を吸収して自動車が安定して走るための装置です。外からは見えませんが、自動車の重要な性能である乗り心地や操縦安定性に大きく関わる「縁の下の力持ち」です。

ヨロズは、私の父である志藤六郎が1948年に横浜市鶴見区で創業しました。当時の社名は萬《よろず》自動車工業です。当社は父の代から日産自動車の系列部品メーカーでした。

ところが私が社長に就任した翌年にあたる99年、日産は、フランスの大手自動車メーカーであるルノーと資本提携を行いました。日産の最高執行責任者(COO)に就任したルノーのカルロス・ゴーン氏は「日産リバイバルプラン」を発表し、日産と同社系列部品メーカーとの資本関係解消を通告しました。当社は、日産系列というぬるま湯からいきなり放り出されました。

「企業は株主、社員、顧客、取引先、地域社会といったすべてのステークホルダー（利害関係者）の皆さんに支えられていることを、つねに肝に銘じています」＝横浜市港北区のヨロズ本社

同プランではわれわれ部品メーカーに対し、部品納入価格を3年間で20％低減することも要請されました。会社を挙げて死に物狂いで原価低減に取り組み、どうにか生き延びたと思ったのもつかの間、2008年、世界同時不況が発生しました。リーマン・ショックです。再度徹底した収益改善に挑み、何とか乗り切りました。

そこへ今度は、20年の新型コロナウイルスの世界的感染拡大です。自動車生産台数は激減しました。加えて、現在も当社の主要得意先である日産が、過剰な拡大路線の果てに深刻な業績悪化に陥りました。これらの影響で、当社の20年3月期連結決算は129億円の赤字という大変厳しいものでした。

20年9月現在、3度目の生き残り策を模索しているところです。同時にコロナ禍を機に、たとえば働き方を改革したいと考えています。どんな状況下でも、一つくらいは良い結果をつくり出したいからです。人間の知恵を信じているからです。

ところで私は「志藤」の読みを「しどお」と表記しています。本来は「しとう」なのですが、米国など海外に生産拠点を設けてビジネスをする中で、現地の人には発音しにくいと分かり、30年ほど前から「しどお」と名乗ることにしたのです。「シドー」というカタカナのイメージです。

「つくり屋」だった父

山形県に左沢《あてらざわ》という難読駅があります。JR左沢線の終着駅です。ここから南下したところに、私の父である志藤六郎の出身地、西村山郡朝日町があります。父は同町（当時は大谷村）の農家に1916年に生まれ、尋常高等小学校（現在の小学校および中学校2学年までに相当）を卒業後、東京・月島の大泉製作所という工作機械メーカーに見習工として入社しました。

その後20歳で同製作所を辞め、富士電機製造（現 富士電機）に就職しました。同社に勤務した約5年のうち通算3年ほどは、当時日本の支配下にあった満州（現在の中国東北部）と日本とを行き来し、発電所のプラントの組み立てなどに携わりました。

富士電機製造は、古河電気工業とドイツのシーメンス社との提携で設立された会社でした。満州の電力会社と取引があり、発電所のプラントのような大きな工事を受注すると、シーメンス社がドイツから重要設備を満州へ運んできました。組み立て作業は、シーメンス社から来たドイツ人技師の指示のもと日本人技術者が行ったそうです。

父は鉄道省による溶接技術認定証を取得していたため、冷却装置のコンデンサーの溶接など作業も自ら行いましたが、主要な職務は20人ほどの生産グループの管理でした。満州で多くのドイツ人技師と接する中で父は、彼らがいずれもごつごつした大きな手をしていることに気付きます。その手は、彼らが机上で設計を行うだけの技術者ではなく、ものをつくる技能者でもあることを示していました。実際彼らは、日本人技術者の先頭に立って手を動かし働いていました。

そして、父がもっとも大きな感銘を受けたのは、ドイツ人技師たちが能率の向上を真剣に考えながら作業を進めていることでした。彼らの製造するモーターは、製造年が新しくなるほど小さく、軽く、しかし性能は高くなっていました。「改良こそ進歩だ」と痛感したのです。

父は自分を「つくり屋」と称したほど、ものづくり、そして工夫や改良が大好きな人でした。その上ドイツ人技師からこうした刺激を受けていたので、グループ管理長として機械や設備の改良方法、能率や品質の向上策をつねに考え、会社に提案しました。当時の富士電機製造はグループ請負制で、グループの能率、つまり今でいう生産性が上がればグループの月収も上がるしくみでした。父が何度も提案を行ったのはグループのメンバーのためでもあったのでしょう。

しかし、提案は会社から毎回却下されました。父は、自由にものづくりに取り組もうと独立を決意します。

〝「ものをつくる」ことに喜びを感じる者にとって、自分の思うようにものを作れない、実力を発揮できないのなら、会社を辞めて社会へ出て、自分の力を試したい、早い話が独立するしかない〟——、当時の気持ちを父はこう語っています（市史研究「よこはま」第7号　平成6年、横浜市史編集室）。

志藤製作所を設立

１９４０年、父六郎は横浜市鶴見区の古い工場を設備ごと購入し、合資会社志藤製作所を設立しました。同区に現在もある森永製菓の工場の近くで、土地は４００坪の借地、建屋は32坪、設備は10台ほどの工作機械が備わった工場でした。購入金額は３２００円。うち２０００円は母さいが満州時代の給料から貯金していたもの、残りは友人６人からのカンパだったそうです。

37年に始まった中国大陸での戦争は長期化していました。41年には米英に宣戦布告し、太平洋戦争が始まります。志藤製作所は軍需用の通信機器ケース、焼玉エンジンや電波探知機の部品などを手掛け、42年には社員が40人ほどになりました。父は松根油を燃料とする三輪小型トラック「マツダ号」（東洋工業、現マツダ）にまたがって、仕事の注文を取りに回ったそうです。

母さいは、父の親戚で同郷の出身でした。富士電機製造時代にはすでに結婚していたようです。

私が生まれたのは、父が独立して３年後の43年１月です。姉が３人、後に弟が２人生まれ、６人きょうだいになりました。

戦時下で合併し、萬製作所に

私が生後5カ月になった43年6月、志藤製作所は同じ鶴見区内にあった株式会社萬《よろず》製作所を買収します。背景にあったのは、前年に公布・施行された企業整備令です。この法令は、戦争遂行のため一定規模未満の企業を合併させ、民間の生産能率を上げることが目的でした。志藤製作所は規模からいって被合併の対象だったので、他企業に強制的に合併させられる前に自社の規模を大きくしようと考えたのです。

満州(当時)に出張した際の父志藤六郎(20歳)＝1936年

横浜市産業振興課と相談して買収相手に決めた萬製作所は、切削機械など大型工作機械部品の専門メーカーでした。現在の尻手に工場があり、萬武夫社長のもと社員は約80人。規模は志藤製作所より大きかったので、手続き上は萬製作所による吸収合併とし、社名も萬製作所の方を採用しました。父が「萬」という字を好きだったという理由もあったようです。この合併により社員は110人ほどになりました。

45年2月、戦局が悪化し本土空襲の本格化が予測される中、萬製作所は軍により工場疎開を命じられ、運べるだけのわずかな機械を新潟県南蒲原郡見附町（現 見附市）に移しました。残りは隣接していた会社に工場ごと買い取ってもらったそうです。社員のうち20人強は工場とともに見附町に移しましたが、あとの社員には辞めてもらわざるを得ませんでした。ただし戦争末期で軍需関係の労働力が不足しており、「ほかに働くところはいっぱいある」（前掲書より）状況だったようです。

終戦を機に自動車関連事業に転換

工場疎開をした先は、織物工場だった建物でした。軍が強制的に持ち主に場所を空けさせて空っぽにした工場を借りたのです。

工場疎開直後の1945年3月、父は海軍に召集され横須賀海兵団に入隊。母と私たちきょうだいは父母の郷里である山形県・朝日町に疎開し、母方の伯父宅に身を寄せました。私は2歳だったので疎開時の記憶はありませんが、母や姉たちによると大変厳しい食糧事情だったそうです。

１９４５年8月、終戦。

長野県・軽井沢で海軍の飛行場整備に従事していた父は、除隊すると新潟県・見附町（当時）の工場疎開先へ直行します。20人ほどの社員に「トランスでもモーターでも何でも売って食料に替えて、とにかく君たちの生活を維持してくれたまえ」と指示し、その後私たち家族が疎開していた山形県へ復員しました。

家族との再会を喜んだのもつかの間、同年10月には単身、見附町の工場疎開先に戻り、会社幹部らとともに戦後の民需展開の方針について協議に入ります。

志藤製作所時代も萬製作所時代も製作してきたものは軍需関連ばかりでしたから、民需産業に転換するといってもどうしたらよいのか誰もよく分かりません。工作機械、通信工業、船舶関係などさまざまな案が出て、一つ一つ真剣に検討していきました。「鉄ではだめなんだ。もっとやわらかいものでなければ」と皆で考えますが、どうしても鉄に戻ってしまいます。そんな中「平和産業として何が成長するか」という観点から改めて考え、父が「自動車でいこう」と決断。自動車関連事業への進出が、大きな方針として決定されました。父が以前から自動車が好きで、前述の三輪小型トラック「マツダ号」を自分でも多少整備していたという背景もあったようです。

とはいえ統制経済やインフレの中、すぐに首都圏で萬製作所を再興できるわけではありません。準備が整うまで、見附町の工場では玩具や農機具、木工機械、電熱器などをつくり、新潟のほか仙台や静岡方面に納入しました。こうした農機具なども、父が自分で設計したそうです。

その間父は京浜地区で工場用地を探し、47年、かつてと同じ横浜市鶴見区に約３３００㎡の用地を借りることができました。最寄り駅は現在の京急線・鶴見市場。鶴見川に架かる鶴見橋のすぐそばです。見附町の社員を呼び戻すと、同年12月から自分たちの手で工場建屋の建設に取りかかりました。正月返上で完成させた工場は、トタン屋根がついているのは機械が設置された場所だけ、雨が降ったら雨合羽を着て作業をするという状態でした。

山形県に疎開していた私たち一家が横浜に戻ったのは、47年の年末か48年の初めだったようです。

萬自動車工業設立

「自動車関連」という新たな方針のもと、１９４８年に稼働を再開した萬製作所が最初に手掛けたのは自動車整備の仕事でした。これに伴い、整備技術を持つ人材も新たに採用しました。

当時、連合国軍最高司令官総司令部（ＧＨＱ）により日本は乗用車の製造を禁止されていました。よって街を走る乗用車のほとんどは中古の外車だったので、修理や整備の仕事は次から次にありました。また、近くにある某会社の社用車の整備や修理も一手に引き受けていました。しかし戦後の資材不足でまともな部品が手に入らず、「つくり屋」の父が納得する仕事はなかなかできません。あるとき、部品がどうしても入手できなかったことが原因で十分な整備ができず、発注者とトラブルになったのを機に、自動車整備の仕事を一切やめてしまいます。

萬製作所から萬自動車工業へと改称したのは、こうした状況の中でした。48年4月のことです。このときをもってヨロズは創業しました。

幸い自動車整備と並行し、現在の尻手（鶴見区）にあった帝国自動車工業（のちの日野車体工業。現 トランテックス、現 ジェイ・バス）からバスの車体に窓や座席を組み付ける仕事を請け負っていました。ただ、戦後まもない時期ゆえに材料の品質が不安定で、仕上がりはいまひとつ。バスの乗客からクレームが相次ぎ、父は「ならば人目につかない床面から下の部品に徹しよう」と考えるようになります。当社がサスペンション製造を主体とする「縁の下の力持ち」となったのは、おそらくこれが発端です。

バスの組み付けと前後して、東京高速機関工業（のちのオオタ自動車工業。現日産工機）から小型トラック「オオタ号」の運転台とフレームの製作を受注します。バス車体で苦労していたので、小さい車体を手がけようと考えたようです。運転台の骨格は木製で、ルーフやドアなどの外板は手板金でつくります。金属板を手作業で叩いてカーブを付けていくのです。父の弁によれば、以下のごとくです。

〝例えばルーフなんかは、小さい板を四枚くらい重ねて、グーッと四隅を折り曲げて、もちをつく臼のもっと浅いようなもので、掛矢という木のハンマーで板金屋さんがドンドンたたいて大きなカーブを付けて、それから四隅を一枚ずつ、今度は金敷でボンボンたたいて作っていくのです〟（前掲書より）

しかし手板金は生産性がばらつき、品質にもむらが出ます。そこで父は、自ら設計してプレス機をつくりました。造船の厚板廃材を使った３００トンの水圧プレスでした。これにより手板金の80％をプレス作業に移すことができ、生産性が著しく向上したそうです。当社におけるプレス加工の、記念すべき第一歩でした。ただし、私が後に父から聞いた話では、プレスすると水が勢いよく外に噴出してくるので、傘をさして作業をしたそうです。

日産自動車と取引開始

1948年の晩秋、三池工業という会社から、日産重工業（現 日産自動車。戦中戦後の一時期こう改称していた）の4トントラックに使うエキゾーストチューブ（排気管）の製作を打診されました。当時このエキゾーストチューブを関東地方でつくっているのは、埼玉県にある1社だけでした。厚みの薄い金属製パイプを常温で複雑な形状に曲げることのできるドイツ製機械を、関東で唯一保有していたからです。

三池工業は日産にマフラー（消音器）を納入しており、マフラーとエキゾーストチューブをセットで納入してほしいと日産から強く求められていました。

三池工業いわく、

「知り合いの2社にチューブ製造を頼んでみたんだが、『そんなものはつくれない。無理だ』と断られてしまったよ。エキゾーストチューブをもっとたくさん製造できれば、日産は4トントラックをもっと多く生産できるんだ。期限まで1カ月半だが、志藤さんならできるんじゃないか」

父六郎が試作中のパイプベンダー１号機。エキゾーストチューブをつくるため、金属製のパイプを常温で曲げる機械である

父は「つくり屋」の血が騒いだのでしょう。寝食を忘れて、パイプを常温で曲げる機械の開発に取りかかりました。完成度85％のところまでできたのですが、あとの15％がいくら考えてもできません。例のドイツ製機械を見れば分かるはずだと、日産に頼み込んで日産社員のふりをして埼玉の会社を訪れました。

稼働中の機械の前を通りながらさっと眺めます。「よし、分かったぞ」。心で叫んだ父はその日から２週間ほどで機械を完成。日産の担当者に「金鵄《きんし》勲章ものだ！」と感嘆されたそうです。48年の暮れのことでした。

これを機に、翌49年から日産との取引

が始まりました。私が6歳のときでした。ちなみに金鵄勲章とは「武功抜群」とされた軍人・軍属にかつて授与されていた勲章です。

当社はエキゾーストチューブの製作を一手に引き受ける一方、同49年、500トン水圧プレスを自社製作します。バス車体の屋根のコーナー部分をつくるのに使おうと、父が考案しました。当時の京浜地区で、この規模の大型プレス設備を有する会社は数社しかなかったそうです。

エキゾーストチューブを製作できることと、500トン水圧プレスを自前で持っていることで、その後当社は大きく成長していきます。

工場の中に自宅があった

萬自動車工業（現 ヨロズ）が現在の日産自動車との取引を始めた1949年、私は横浜市立市場小学校に入学しました。

萬自動車工業の工場や事務所は、現在の同市鶴見区の菅沢町と市場富士見町にあり、わが家はその敷地内にありました。カシャカシャ、カシャカシャという機械の大きな音の中、父や社員の人たちが真っ黒になって働く姿を見て育ちました。

自宅兼会社のある場所は、かつては同市平安国民学校（後の同市立平安小学校）の学区でしたが、45年4月15日の鶴見・川崎空襲により校舎が焼失したため戦後廃校となり、隣接する市場小の学区に併合されたのです。市場小の校庭は、雨が降ると池のように雨水がたまり、水が引くと、当時エビガニと呼んでいたアメリカザリガニが這い回っていました。

学校から帰ると、すぐ外へ遊びに行きました。メンコ、ベーゴマ、たこ揚げ。空き地がたくさんありました。鶴見川の河口近くでハゼをよく釣りました。川や田んぼでエビガニ釣りもしました。糸の先にサキイカの切れ端をつけて垂らすと、はさみでつかむのでそのまま引き上げるのです。

家に〝釣果〟を持ち帰ると、母はハゼよりも、処理に手間がかからないザリガニを喜んでくれました。ゆでて夕食のおかずにするのです。食べられる部分は殻をむくとごくわずかですが、しょうゆをつけるとエビのような味がしておいしいのです。

ずっと後年、ヨロズは中国・武漢に進出します。武漢の名物料理の一つがザリガニ料理です。同じくヨロズの工場が一時期あった米国・ミシシッピもザリガニ料理が名物です。いずれも複雑な味わいのソースで調理されているので、手がべたべたになりますが、ノスタルジーもあって、私は現地へ行くとよく食べます。

1953年ごろ、横浜市鶴見区の自宅玄関前で。後列右から次姉方美《まさみ》、３番目の姉充子。前列右が私、その隣がすぐ下の弟和彦（末っ子の公彦をおぶっている）

母がザリガニを喜んだのは、当時の食糧事情がまだまだ悪かったからでした。配給制度は継続中で、母は自分の着物を農家で食べ物と交換していたそうです。私が小さい頃は、具のないすいとんや麦飯ばかり。白米など食卓に上りませんでした。姉３人、私、弟の計５人の子ども（末の弟はまだ生まれていませんでした）に、母は２個か３個の卵を割ってかき混ぜ、５等分してくれました。

わが家から鶴見川まではほんの百メートルほどでした。鶴見川は台風や豪雨でしばしば氾濫し、急いで畳を上げても家は水浸しになりました。大人たちは大変だったでしょうが、私は金魚やコイが流れてくるのをつかまえたりして、「大水《おおみず》」が楽しかったものです。中学生になって三ツ池公園（鶴見区）の近くに引っ越すまでに、大水を４～５回経験したように記憶しています。

52年、4年生のとき、廃校となっていた平安小学校の校舎が新築され、6月に再開校されました。市場小に通っていた平安小学区の5年生以下428人が移ることになり、私もすぐ下の弟である和彦と平安小に通い始めました。それまで通学に30分以上かかっていたのが、10分ほどになりました。

初めて車を動かした

小学校時代の私は、おとなしくて手のかからない子どもでした。勉強よりも運動が得意で、運動会の徒競走ではかなり速いほうでした。

4年生のときに通い始めた横浜市立平安小学校（鶴見区）では、卒業まで率先して給食委員を務めました。給食といってもコッペパンと脱脂粉乳くらいで、おかずはあったか、なかったか…。給食委員の主な仕事は、バケツのようなアルマイト製食缶に入った生温かい脱脂粉乳を、1人分ずつアルマイト製のおわんにおたまで注ぐことです。

私はこの脱脂粉乳がどうしても苦手でした。しかし注がれた分は飲み干さなければなりません。そこで給食委員となってクラスメートにたっぷり分配することで、自分の分が残らないよう画策したのです。そうとは知らない担任の先生は「志藤君は、いつも給食委員を引き受けてえらいね」と褒めてくれました。

放課後は、自宅と同じ敷地にある工場を時々手伝いました。ものを運んだり掃除をしたりする程度ですが、母に褒められたりお駄賃をもらえたりするのがうれしくて、進んで手伝ったものです。

工場にはグラインダーがありました。金属を研削する機械です。あるとき、これを使ってベーゴマの先をチーッと削ってみました。買ってきたばかりのベーゴマは先が丸く、相手のベーゴマがぶつかると弾き飛ばされてしまうからです。グラインダーで鋭くとがらせると、連戦連勝、無敵になりました。調子に乗って何個も削っていたら、あるとき父に見つかって「危ないじゃないか」と随分叱られました。

工場には男性ばかり50人ほどの社員がいて、私を「アキちゃん」と呼んでかわいがってくれました。上のきょうだいが姉3人だった私は、お兄さんのような年頃の彼らに家族のような親近感を抱いていました。納品などのため誰かが車に乗ると、私も急いで助手席に乗り込み一緒に連れて行ってもらいました。

しょっちゅう助手席に乗っているうち、車の動かし方が分かってきました。工場には何台も車があり、大抵キーがつけっ放しです。ある日１人で運転席に乗り込み、あおむけになって体を伸ばしてみました。どうにか足がペダルに届きます。フロントガラスを見上げるような格好で、キーを回しアクセルを踏んでエンジンをかけます。ギアを入れ、クラッチを離しながらアクセルを踏むと…、動きました！
小学校高学年のときでした。

以来、隙を見ては車を動かしました。あるときは工場の塀にバックで衝突。塀が全部倒れました。あるときは敷地の外に出たところ、無人で動く車を不審に思ったお巡りさんがあわてて追い掛けてきました。体を寝かせてハンドルを握っ

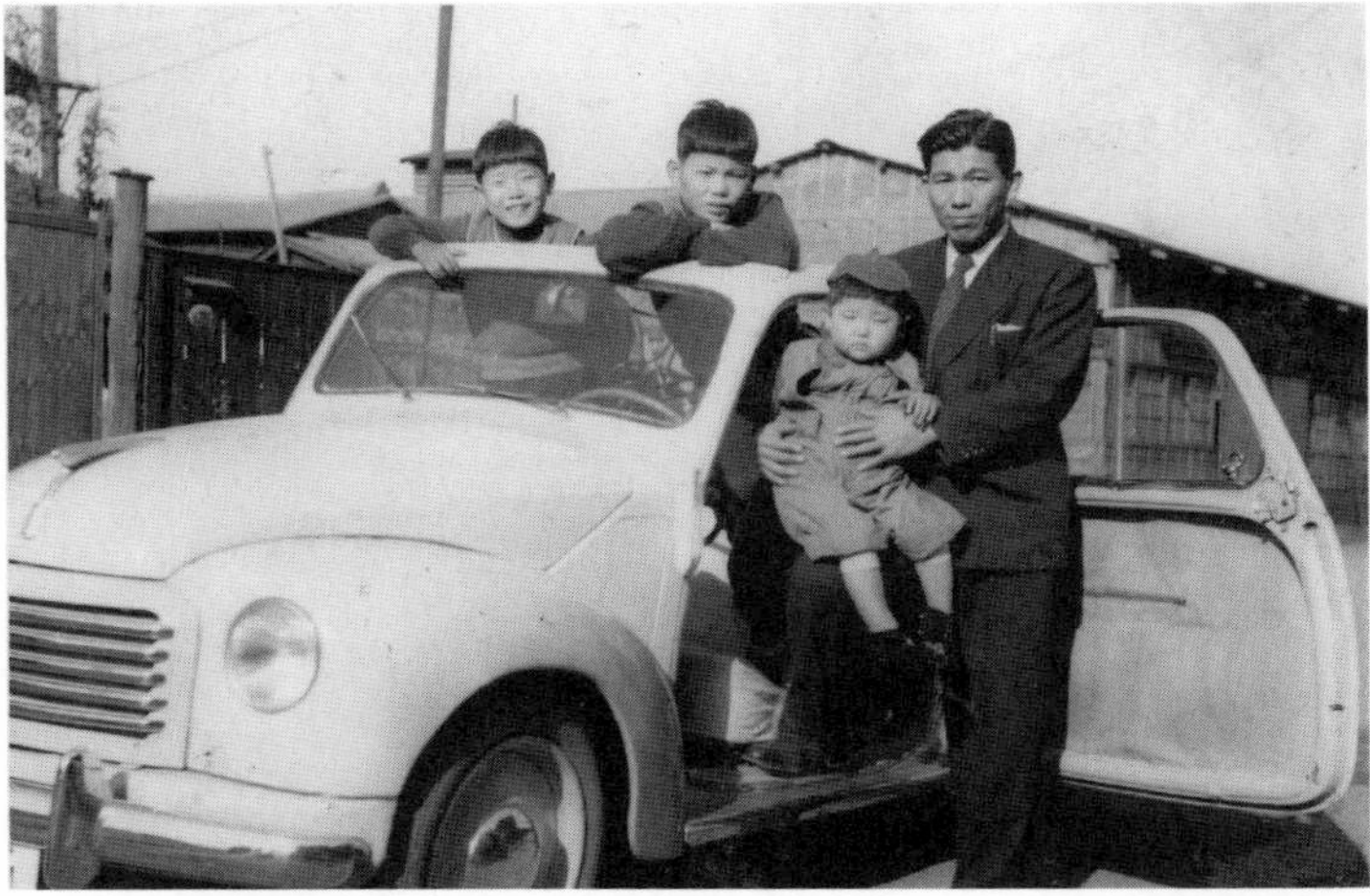

わが家初の自家用車となったイタリア製のフィアットとともに。父と弟たちと私（左から２番目）＝1954年ごろ、横浜市鶴見区の自宅前

ているので、外からは運転者が見えないのです。

工場は毎日ものすごく忙しそうでした。1950年に始まった朝鮮戦争により、米軍のナパーム爆弾の弾体をプレス加工でつくる仕事が大量に回ってきたからです。父が開発した500トンの自家製水圧プレス機が何年間も大活躍しました。同時に、米軍の自動車修理のためエキゾーストチューブ（排気管）を製造する仕事も継続的に大量受注しました。エキゾーストチューブは、当社がほとんど一手に引き受けていたようです。父が開発した、常温でパイプを曲げる機械（前述）のおかげです。

日本は高度経済成長期へと走り始めていました。

中学校でアイスホッケー部に

1955年、日本大学中学校（横浜市港北区）に入学しました。日大付属の中高一貫校です。父は自分が高等教育を受けなかったので子どもたちは大学まで行かせようと決めており、付属校なら成績があまりよくない私でも大丈夫だろうと考えたようです。父に勧められ、「うん、いいよ」と決めました。同校の最寄り駅は東急東横線の日吉です。

中学生時代にわが家は引っ越しましたが、同じ鶴見区内だったので学校への経路は変わらず、横浜駅へ出て東急東横線か、川崎駅へ出て南武線の武蔵小杉乗り換えかを、気分次第で使い分けていました。その頃の横浜駅西口はほとんど砂利置き場のようで、相鉄線はまるで貨物線のよう。東口のほうが断然開けていました。

同校は当時、男子校でした。自由な雰囲気で、面白い先生が大勢いました。そんな先生の一人に、私は水の入ったバケツを通り道に置くといういたずらをしました。見事バケツにつまずいた先生は「志藤、おまえか！」。頭をごんごん殴られました。親にも連絡が行ったのですが、父は「先生、手で殴ると痛いでしょう。うちの工場にいいものがあります」と、何と鉄パイプを学校に持って来ました。実際に先生が使うことはありませんでしたが…。

中2になるとアイスホッケー部に入りました。運動は好きですが、野球は得意でなく、ラグビーは泥んこになるのがちょっと…。そんな中、前年に創部されたばかりのアイスホッケー部に顔見知りの上級生がいて勧誘されました。東神奈川駅近くの神奈川スケートリンクに練習を見に行くと、スピード感があって格好いい。どこかの女子学生たちがリンクサイドで練習を見ています。入部を決めました。

それまでアイススケート自体やったことがありませんでしたから、まずは滑る練習から始めました。初心者なので速く滑れない代わり身長が高い方だったので、ポジションはディ

横浜市鶴見区にあった本社工場＝1957年ごろ（当時は萬自動車工業）

フェンス（守備）です。ゴールを守りながら後ろへ滑るので、バックスケーティングはかなり上達しました。

試合では、相手チームのフォワードがすごいスピードで向かってくるのを迎え撃ちます。激しくぶつかり、強烈なＧ（重力加速度）がかかります。スティックで打たれたパックは相当な威力があり、体に当たると防具をつけていてもかなりの衝撃です。パックを奪い合う中、体にスティックをひっかけられた、ひっかけていない、とけんかになることもあり、生傷が絶えませんでした。痛いし、つらい。でも楽しかった。スピードと激しさ、そしてぶつかり合うことが青春そのものでした。

日大高校に進学後もそのまま続けました。慶応高校など近隣校や強豪の栃木県立日光高校（当時）と練習試合をしたこともあります。

練習場所の神奈川スケートリンクは昼間は一般のお客さんが利用するので、われわれが使うのは早朝か夜間です。シーズンである冬は週3回の早朝練習があり、まだ真っ暗な午前5時ごろ、父が車で送ってくれました。

早朝練習が終わると反町駅から東急線で学校へ行くのですが、激しく体を動かした後なので、どうしても1時限目から居眠りしてしまいます。成績は中学以来ずっと下位グループでした。両親から勉強しろと言われ続け、自分でもまずいと思い、高1のとき非常に残念でしたが部活動を辞めました。しかしどういうわけか、下位グループからは3年間抜け出せませんでした…。

坂本九さんとの交遊

日本大学中学・高校では私の在学当時、年1回の校外マラソンが恒例でした。東急東横線日吉駅近くの校舎を出て、横浜市港北区内のかなりの距離を走ります。そのコース上の同区樽町に、私が高校2年生の1959年、萬自動車工業が鶴見区から移転してきました。現在ヨロズの本社がある場所です。

マラソン当日は、私を子どもの頃から知っている社員たちが工場前の砂利道で「アキちゃん、がんばれー」と応援してくれます。気恥ずかしいので、コース変更を学校に頼んでみましたが却下されました。

中高時代、部活のアイスホッケーと並んで夢中になったのが音楽です。エルヴィス・プレスリーが大好きで、レコードをたくさん持っていました。ずっと後の86年、ヨロズは米国・テネシー州に初の海外拠点を設立します。テネシー出張の折は同州にある、エルヴィスが育ったメンフィスや、カントリー音楽の聖地ナッシュビルの劇場によく足を運び、不思議な縁に感激したものです。

ウエスタン音楽も大好きで、日劇ウエスタンカーニバルによく行きました。1人で行ったこともあるくらいです。

音楽の魅力を教えてくれたのは、同じ学校の1学年上にいた坂本九さんです。仲良くなったきっかけは、通学電車でした。私は横浜駅経由か川崎駅経由で日吉まで通っていたので、川崎に自宅のあった彼と南武線でしばしば乗り合わせ、共通の友人がいたことで親しくなっていきました。

彼は〝ワル〟というか〝やんちゃ〟でしたが、いつもにこにこしており、エルビスの物まねも上手で、学校中の人気者でした。私たちは彼をヒサシさんと呼びました。「九」は本名で、ヒサシと読むのです。

彼に誘われて渋谷や銀座のジャズ喫茶にウエスタンバンドの演奏を聴きに行ったり、2人で神奈川スケートリンクに滑りに行ったりしました。わが家にも数回遊びに来ました。

ヒサシさんは高校に入ると、バンドボーイとして音楽業界に足を踏み入れ、学校にはほとんど来なくなりました。ジャズ喫茶で歌うようにもなり、「今度出演するから花束を持ってきてくれよ」と頼まれ、花束持参の〝サクラ〟として聴きに行ったこともあります。

自宅ダイニングルームで。左端から末弟の公彦、私、2番目の姉の方美《まさみ》。両親を挟んで右サイドに3番目の姉の充子、弟の和彦＝1960年、横浜市鶴見区

私が高1の58年8月、ヒサシさんは第3回ウエスタンカーニバルに初出演。瞬く間にスターになっていきました。最後に会ったのは、私が大学生のときでした。仲間と夏だけ借りる葉山の別荘に来てくれて、海水浴を一緒に楽しみました。

85年8月、食事をしていた店のテレビで、日航機が行方不明になったというニュースが流れ、乗客の一人として「坂本九」の名が報じられました。信じられませんでした。大変多才な方でしたから、生きていればさまざまな分野で活躍したに違いありません。お互い年齢を重ねていたら、また会う機会があったかもしれません。

彼の歌で一番好きなのは「上を向いて歩こう」です。聴くたびにいい歌だなあと思い、あの笑顔が目に浮かびます。

学友とのマージャン

私が高校3年生になった1960年、世間では冷蔵庫、洗濯機、テレビが「三種の神器」と呼ばれていました。同年12月、池田勇人内閣は国民所得倍増計画を閣議決定し、日本は高度経済成長期に突入していきます。

国内の自動車生産台数は増加を続け、萬自動車工業も横浜・鶴見の工場が手狭になり、

萬自動車工業横浜工場の組み立てライン。右上に見えるスローガン「同期生産完全確立」は、当時の日産自動車の取り組みと歩調を合わせたもの＝1964年

前年の59年、先に書いたように港北区樽町に本社工場を移転しました。敷地は鶴見工場の約5倍。父六郎はこの新工場で近代化・自動化を積極的に進めました。「利益が出たら設備投資に回し、競争力を向上させるのだ」が持論でした。そして、いつも何かを一所懸命考えながら、現場でものづくりに取り組んでいました。

こうした父を支えたのが母さいでした。とても優しい半面、芯の強いしっかり者でした。会社経営には関与せず、家計においては節約を心がけ、父にもわれわれ子どもたちにも無駄遣いをさせませんでした。服は長姉のおさがりを下の姉2人が着回し、私のおさがりを弟2人が着回しました。私は、4人目にして初の男子だったので、母から随分かわいがられたと思います。叱られた記憶はほとんどありません。弟たちは、母から「お兄さんを見習いなさい」と言われてばかりなので、ふくれていたものです。

私はとくに問題を起こすわけでもない、普通の子でした。日大中学・高校への進学も、父の勧めに何となく従いました。高校を卒業した61年、日大の経済学部に入学しましたが、将来について真剣に考えたわけではありません。父が働く姿を見て育ったので、ゆくゆくは父の跡を継ぐのだろうと漠然と思っていましたし、それを嫌とも思いませんでした。のんびりした若者だったと思います。

そんな私の大学での思い出の筆頭は、マージャンです。午後の講義が終わりに近づくと、仲間と「そろそろ行くか」とささやき合いました。学年が上がると、まず雀荘に顔を出し、仲間がいなければ大学へ行くという本末転倒ぶりでした。休前日は徹夜でやりました。

実は高校時代も、日吉駅近辺の雀荘に同級生とよく行きました。近くにある慶応大学の学生と卓を囲むこともありました。負けたことはほとんどありません。

というのは、私のマージャン歴はなかなか長いからです。鶴見に本社があった時代は会社敷地内にわが家があり、父が社員たちとしょっちゅうマージャンをしていました。小学生の頃からそれを見ていましたから、ルールを自然に覚えました。誰かがトイレに立つとき、「アキちゃん、代わりに打っていてよ」と頼まれることもありました。

マージャンの面白さは、相手はどう考えているのだろう、自分がこうやると相手はこう来るかな、と推理することです。だから同じメンバーで何度やっても、そのたびに楽しいのです。

私の世代はマージャン人口が多く、社会人になってからも会社の仲間や仕事関係の方々と卓を囲みました。コミュニケーションの手段でもありました。

ドライブで得た自由

小学生で初めて車を動かして以来、会社の敷地内で練習に励んだ私は、高校に入る頃にはまったく問題なく運転できるようになっていました。当時「小型自動四輪車免許」という区分があり16歳以上で取得できたので、1959年、高校2年生で取得しました。同免許は翌60年に普通自動車免許に統合され、取得可能年齢は18歳以上に引き上げられてしまいました。

免許取得後は堂々と萬自動車工業の車で運送を手伝ったり、仲間と箱根や熱海にドライブに行ったりしました。高校に車で行ったことも数回あります。

運転自体が楽しくてたまりませんでした。行きたい所にいつでも行ける自由。移りゆく窓外の風景。運転は今も大好きです。

日本大学経済学部に入学してからは、浅草の老舗の日本人形店で、ひな人形や五月人形などを車で配送するアルバイトをしました。

アルバイトといえば、都内のデパートの玩具や文具売り場の経験もあります。贈答用の包装が得意でした。おもちゃは大きな箱に入れる場合も多く、その場合包装紙を何枚かつなげて包むため、テクニックが必要なのですが、私はピシッと包むことができました。

仲間とともに夏には葉山の海、冬は長野県や新潟県のスキー場に車で出掛けました。葉山では毎年2カ月間ほど、友人たちと共同で別荘を借りました。スキーに行くときは交代で夜通し運転して、朝から滑りました。運転が好きなので、長時間の運転もまるで苦になりませんでした。

1年生のときは東京都世田谷区のキャンパスに、2年生からは同千代田区の水道橋駅近くのキャンパスに、横浜の自宅から通いました。入学前年の60年に安保闘争が起き、学生運動が活発になりつつある時代でした。純粋な正義感から学生運動にのめり込んでいく友

社会人になり結婚してからも、会社の仲間とスキーを楽しんだ。左から３人目が私で、すぐ左隣が妻の多恵子＝1970年、栃木県日光市

人もいました。

学生時代新鮮だったのは、全国各地の出身者と友人になれたことです。神奈川県近辺のことしか知らなかった私ですが、九州や東北地方などの文化に触れ、食べ物の好みや考え方が地方によって随分違うことを知りました。親しくなった友人に誘われ、彼の秋田県の実家に遊びに行かせてもらったこともあります。若いときに、自分と異なる文化や価値観を持つ人たちと接することができたのは、人生において本当によい経験でした。

難儀したのは、第2外国語のフランス語です。ドイツ語よりも女子が多いんじゃないかと軽い気持ちで選択したら、難しくてなかなか単位が取れません。４年生のときようやく所定の単位を取得できました。

卒業が近づいた頃、父に「就職はどうするんだ」と聞かれました。「萬に行くよ」と言うと、「そうか。だったら卒業後すぐ入るのはよくない」。社長の息子だから社員たちが甘やかすというのです。「まず、よその会社で勉強させてもらいなさい」と言われ、そういうものかなと、父の友人が経営する成田鉄工という会社に就職させてもらうことになりました。

他社で3年間〝修業〟

1965年に就職した成田鉄工は、当時社員200人ほどの規模の会社でした。お客さまとの折衝から材料の手配、現場への指示、生産機械の操作など、一つの受注についていくつもの工程で関わらせてもらいました。大きな達成感を得るとともに全体の流れを把握でき、後に萬自動車で生産管理を担当する際大変役立ちました。

成田幾治社長は秋田県の出身でした。入社まもない頃、事務所に呼ばれ「石を持ってこい」と言われました。「はいっ」と屋外に飛び出したものの、何に使うのか、大きさは…。迷っていると、先輩が追いかけてきて「おーい、いきなり出て行くなんて、どうしたんだよ」。「石って、どんな石がいいんでしょうか」「えっ？　石じゃなくて椅子だよ」。

先輩とともに戻ると、事務所全員が大爆笑でした。秋田のお国訛りでは「す」と「し」を同じように発音するのですが、皆は社長の発音に慣れていて理解できたのです。社長は私を椅子に座らせて、差し向かいで話をしたかったのだそうです。「イシが分からないの？　イシでしょ」と社長も笑っていました。

会社ではしょっちゅう怒られましたが、アットホームな雰囲気で先輩たちにかわいがられました。会社は川崎市の産業道路の近くにあり、川崎駅までバスで皆と帰ります。駅に着くと「ちょっと寄るか」と、毎

横浜市内の洋食店で。長姉啓子（後列右端）の夫である三浦昭（同左端、後にヨロズ社長）の母が山形県から来訪した折、家族みんなで食事に行った。前列左端が私＝1966年ごろ

晩のように一緒に飲みました。給料を使い果たし、翌月まで「つけ」で飲んだこともあります。

これではいけないと、入社翌年、初めてのマイカーを新車で購入しました。日産のサニーです。発売直後だったので、車台番号はまだ3けたでした。色は赤です。私は赤い車が好きで、その後買った車もほとんどが赤でした。

サニーは大衆車の裾野を広げるため開発された小型車なので、価格も低めで当時四十数万円だったと思います。しかし給料を飲み代に費やしてきた私は資金が足りず、付き合っていた彼女(現在の妻です)や父からお金を借りました。乗り心地も外見もとても気に入って、よくドライブをしたものです。飲みに行く回数は、サニーで通勤するようになって相当減りました。

ところが、ある朝のことです。出勤しようと外に出ると、自宅前に駐車しておいたサニーがありません。盗まれたのです。すぐに警察に届け、電車とバスで通勤するようになって約1週間。成田鉄工に出勤すると、社屋の前に私のサニーがとまっているではありませんか。警察の調べによると、犯人は同社の近所に住んでおり、横浜・鶴見の私の自宅から車を盗んで乗り回した後、川崎の成田鉄工の前に駐車したというのです。「こんな偶然はめったにないよ」と警察も驚いていました。

成田鉄工には3年間お世話になりました。大変勉強になるとともに、楽しく幸せな3年間でした。勧めてくれた父に感謝しました。

成田鉄工を退職後、萬自動車工業に入社しました。そこで私は大ショックを受けることになります。

第二章　ヨロズの社員となる

萬自動車工業に入社

1968年4月、父六郎が経営する萬自動車工業（現 ヨロズ）に入社しました。偶然にも創立20周年に当たる年でした。

初日、本社に出社すると、父が「おまえは小山《おやま》に行け」と言いました。

「オヤマってどこ？」

「栃木県だ。今そこに新工場をつくっている」

青天の霹靂、大ショックでした。私は横浜に生まれ、横浜にしか住んだことがありません。当時萬自動車工業の工場は、横浜の鶴見区と本社のある港北区にあるだけでしたから、転勤はないはずだと気楽に構えていました。

数日後、父に渡された地図を頼りに、当時の愛車、赤のブルーバードで小山に向かいました。荷物はほとんどありません。

今でこそ東北新幹線で東京駅から約40分ですが、当時の私は小山どころか栃木県のこともよく知らず、最果ての地のように感じました。まさか横浜から離れるなんて…。多摩川の橋を渡っていると、涙がにじみました。

宿泊場所に指定されたのは、小山駅前の割烹旅館でした。1階が店舗、2階に貸間が数室ありました。戸建ての社宅ができるまで、ここで3～4カ月間暮らしました。当時の小山駅は木造の小さな駅舎で、周辺にホテルはありませんでした。

翌日、工場の予定地に行きました。工場長、部長、建設担当技術員、事務職の女性がすでに着任しており、私を含め計5人が立ち上げチームです。起工式はすでにこの年1月に行われており、私が着任したときは建屋の柱を立てるなどしているところでした。事務所は、建設会社のプレハブの現場事務所に間借りさせてもらっていました。

突貫工事で同年4月末に組立工場が完成し、6月に入り一部が稼働を開始。8月には圧造工場も稼働を始めました。翌69年の末には、小山工場第1期工事が完了します。

私は生産管理の担当でしたから、本格的な稼働が始まるまでは毎日事務所で座っているだけでした。68年の秋ごろから工場の稼働に合わせ、生産ラインの計画や材料の調達、製造量や必要人員および進捗や在庫などの管理を行いました。どうにか業務をこなせたのは、成田鉄工で経験を積ませてもらったおかげです。

当社が小山工場を新設した68年、日産自動車も同県に栃木工場を新設しました。当社の小山進出は、生産量の増加に対応するため独自に決定したものでしたが、結果的に日産の栃木進出に対応できました。

開設まもない頃の小山工場（中央の区画）＝1969年、栃木県

小山工場の敷地面積は、横浜の本社工場の約4倍。69年に連続自動加工のできる大型プレス装置を導入するなど、自動化の積極的な推進に取り組みました。

当時、自動化を推進するよう日産は関係部品メーカーに指導しており、父も「生産量の拡大とコスト削減を実現させるには自動化しかない」「業界で生き残るには不可欠だ」と非常に重視していました。小山工場建設はその具現でもあり、後年、当社が工業用ロボットをいち早く導入することにつながっていきます。

小山工場の開設を機に、当社は「町工場」から脱皮し、近代化していったように思います。

家庭を持って新たな責任感

小山工場（栃木県）に赴任した1968年4月、私は25歳でした。横浜以外に住むのも、独り暮らしも初めてでした。工場はまだ建設中で、週末を一緒に過ごす仲間もできません。当時は土曜日も出勤でしたから、毎週土曜の夕方になると、車を飛ばして横浜の実家に帰りました。そして月曜日の早朝4時に家を出て、小山に戻るのです。

平日の夜は時間を持て余し、よく酒を飲みに行きました。芸者さんのいる料亭にも出入りしました。あるとき父が日産自動車幹部の方を小山で接待したことがありました。私も同席したのですが、たまたま顔見知りの芸者さんが座に呼ばれ、「あら、今日はどうしたの」と私に親しげに話しかけるのです。父は私が遊び歩いていると見抜き、「すぐにでも身を固めろ」という話になりました。

心に決めた女性はいました。毎週末、横浜に帰っていたのは、彼女に会いたいからでした。小山に赴任した68年の10月、西尾（旧姓）多恵子と結婚しました。

多恵子とは、私が大学3年生のとき友人の紹介で知り合いました。会った瞬間「この子と絶対結婚したい」と思いました。すごくかわいくて、私の一目惚れでした。

付き合い始めると、彼女が常識にとらわれず自由な考え方をすることや、思ったことを率直に口に出すことが、私とはまるで違っていて非常に新鮮でした。本人は至極真剣なのですが、天真爛漫というか、誰に対しても自然体。わが家に遊びに来ると、父母や姉たちにもいつもの調子でぽんぽん言うので、父はびっくりしていました。

私が何かで悩んでいても、彼女は「しょうがないじゃない、どうにかなるわよ」。結婚後も私が仕事のことで考え込んでいると、「何とかなるわよ」。妻のこうした性格に幾度救われたか分かりません。

思いが実り多恵子と結婚。横浜での結婚式と九州への新婚旅行の後、栃木の社宅で暮らし始めました。その頃になると小山工場は操業を開始しており、わが家には同工場の若手社員たちがしょっちゅう遊びに来ました。皆、酒好きなので、彼らが来るとまず酒の1升瓶を買いに行きます。飲んでいる

出会った頃の多恵子（当時18歳くらい）。２人で訪れた葉山の海岸で＝1960年代前半

うちに足りなくなり、追加で3升買ってきて1人1升飲むこともありました。妻は酒をほとんど飲まない家に育ちましたから、「お酒ってこんなに大量に飲むものなの!?」と衝撃的だったそうです。「いいかげんにしなさいよ」と言いつつ、会社の仲間をいつも歓待してくれました。

69年、長男の健《けん》が生まれました。1歳くらいのとき、私が帰宅するとキャキャキャと声を上げながら、まだ歩けないので座った状態で足をバタバタさせて急いで玄関にやって来ます。ものすごくかわいかったです。73年には長女の亜紀が生まれました。

婚礼の日、妻多恵子と＝1968年10月、横浜市

家庭を持ったことで、家族への責任というものを初めて感じました。しっかり働いて家族を守らなければならない。それには会社の経営が安定していなければならない。自らの

この経験からも、経営者として「会社は雇用を守ることが大前提」と強く思っています。

妻多恵子のこと

私と妻多恵子とは、性格がまるで違います。

私は物事を一つ一つきちんとしないと気が済まない性格です。また、萬自動車に入社するまで、親が勧める既定路線を何となく歩んできました。しかし妻の多恵子は発想が柔軟で、行動も自由。進路も自分で好きなように決めてきたようです。小さなことには拘泥しませんし、常識にもとらわれません。「天然ぼけ」を省略した「天然」という言葉がありますが、彼女の性格はまさに「天然」と形容するのがぴったりだと私は思っています。

これは育った家庭環境も影響しているかもしれません。6人きょうだいの4番目にして長男だった私に対し、一人っ子の多恵子。自動車部品製造という現実的なものづくりの仕事をしていた私の父に対し、日本舞踊の師範として幅広く活動した彼女の母。彼女の父は普通の会社員でしたが、家庭は文化的でのびのびした雰囲気でした。彼女自身も母親の指導の下、幼い頃から日本舞踊に励み、発表会などで披露していました。結婚後は自宅に教室を開き、日本舞踊を長年教えてきました。ただし、仕事として踊ることはしません。制約されるのが嫌だからだそうです。

日舞のほかにも書道や陶芸などいろいろなことに熱心に取り組んでいますが、いずれも自分の気持ちに素直に従い、好きなことを心のままに追求しています。

結婚披露宴での主賓は私の側が日産自動車の幹部だったのに対し、多恵子の側は詩人で作詞家、作家としても活躍していたサトウハチローさん、準主賓は戦中・戦後を通して数多くのヒット曲を生み出した作詞家の藤田まさとさんでした。藤田さんは、『麦と兵隊』『岸壁の母』『浪花節だよ人生は』など昭和の歌謡史に輝く名作で知られます。お二人とも、彼女の母と日舞の関係で親交が深い方々でした。

結婚して数カ月後のことです。行きつけの銀座のバーで飲んでいると、こんな声が聞こえてきました。

「赤ん坊の頃からかわいがっていたタエコが結婚しちゃった。さびしいよなぁ…」

ん、タエコ…？　声のほうを見ると、どこかで見た顔です。新婦側の準主賓だった藤田まさとさんでした！　もちろん私にはまったく気づいていません。

少々気後れしましたが、「あのぅ、…その節はお世話になりました」と思い切って声を掛けました。最初はけげんな顔をした藤田さんも「おお、君か！」と思い出してくれ、

1時間ほど二人で楽しくお酒を飲みました。

帰宅後妻にこの一件を話すと、「まあ、よかったじゃない！　藤田さんは私が小さい頃からしょっちゅう家に遊びにいらしていて、私はとってもかわいがっていただいたのよ」と喜んでいました。

日産による資本参加

栃木県に新設した小山《おやま》工場は、同時期に誕生した日産自動車栃木工場からの受注を伸ばし、当社の主力工場に成長していきました。これに伴い、横浜の鶴見工場は1970年に操業を中止。横浜での生産は港北区樽町の本社工場に集約されました。

カー、カラーテレビ、クーラーの「3C」が「新・三種の神器」と呼ばれた時代でした。マイカーブームが到来し、モータリゼーション（車社会化）が進展。国内の自動車生産台数や保有台数は急増していました。

68年の入社と同時に小山工場に一人で赴任した私は、3年後の71年、家族三人（長女はまだ生まれていませんでした）で横浜に戻り、本社勤務となりました。本社では、材料の調達や進捗・在庫管理など生産管理に引き続き携わるとともに、当時電算化と呼ばれたコンピューターシステムの構築にも管理面で関わりました。

69年、日産自動車が当社株式の25％を取得しました。73年には日産の持ち株比率は35％に増えました。当時日産は、主要部品メーカーに積極的に資本参加し、各メーカーの体質改善や技術力強化を図っていました。部品メーカーを社内工場に準じる存在に位置付け、部品の安定供給体制を確立しようとしていたのです。

背景にあったのは、当時、国が進めていた資本の自由化です。日本は64年に経済協力開発機構（ＯＥＣＤ）に加盟したことで、国際社会、特に米国から資本の自由化を強く求められました。政府が67年から段階的に自由化を実施する中、日産は、外国の自動車メーカーが日本に進出してきても対抗できるよう、自社の競争力を高めようとしたのです。その一環が、部品メーカーを囲い込むとともにその技術力を底上げすることでした。こうした動きは他社も同様で、この時期自動車業界の系列化が進みました。

当社としても、同族経営のままでは生き残りは厳しい、日産を頂点とするピラミッドの中に確固とした位置を占めることができれば安心だ。そう考えて、日産による資本参加を受け入れ、名実ともにいわゆる「日産圏内」の一員となりました。

さて、当時当社では日産に対ししばしば製品の未納が生じていました。「〇月〇日に×

1969年に建て替えた横浜本社の社屋＝同年、横浜市港北区

×個」を納入する約束なのに、それができないのです。「どうなっているのか！」と催促の電話がかかってきます。生産管理を担当する私は、神奈川区宝町の日産横浜工場にいつも怒られに行きました。

「早く持って来てくれ」「どれからですか」「オーダーした部品全部に決まっているだろう」「いや、あの、一番急いでいる部品からでいいですか」。

日産側は、部品の欠品を防ぐためつねに余分の在庫を持っていますから、納品が2～3日遅れても何とか大丈夫なのです。

とはいえ日産から渡される未納リストが分厚くなるうち、さすがに改善の必要性を感じました。原因を洗い出すと機械の故障、作業員の急な欠勤、材料の手配し忘れ等々、すべて当社の管理の悪さが原因です。

そこで、機械については点検項目を書き出し毎日チェックする、作業員については1人で多工程を担当したり、リリーフマン(作業補助者)を投入したりする、材料の手配はチェックシートを完備する…と、原因を地道につぶしていきました。こうして次第に未納は減っていきました。

庄内地方に2社誕生

1970年、当社と関係の深かった住友商事から、「山形県鶴岡市に農機具部品の製造会社をつくりたいので協力してくれないか」という打診がありました。同市にある今間《こんま》製作所(現コンマ製作所)という農機具メーカーの自社用部品をつくるためです。当社は、三浦昭副社長(当時。私の義兄で後に社長)が同市出身ということもあり快諾。住友商事、今間製作所、当社の3社が出資し、庄内プレス工業という会社を設立しました。

しかし数年後、庄内プレス工業は、今間製作所の経営不振や方針変更により売り上げが見込めない状況に陥り、出資したわれわれ3社は庄内プレス工業の清算を検討する事態に追い込まれました。

同じ頃、日産自動車から当社に対し、日産内部で行っている部品製造の一部を委託したいという話が持ち込まれました。日産が新規にロータリーエンジンの開発を始めるので、自社工場にそのスペースや人員を確保したいからというのが理由でした。

日産が自社の社員を増員できれば、当社に委託しなくても、ロータリーエンジン開発のための人員を確保できたのでしょうが、１９６０年代から高度経済成長を続けていた当時の日本は労働力がつねに足りない状態で、圧倒的な売り手市場でした。ですから日産が新規に多くの社員を採用するのは難しかったのだと思います。当社を訪れた日産の副社長（当時）から直々に、「どんな無理でも聞くから引き受けてほしい」と強く要望されました。

父は「引き受けたいが、うちも受け入れるだけの場所や人員がない…」。そのとき頭に浮かんだのが庄内プレス工業です。「あそこなら人もスペースも余っているじゃないか！」

ただし庄内は、日産とやりとりをするには遠すぎます。そこで73年10月末、庄内プレス工業を子会社化したうえで、庄内に当社の小山工場（栃木県）の仕事の一部を移して小山工場に人員とスペースを確保し、３５０人ほどが関わる大規模な部品製造を日産から請け負ったのです。それが、サスペンションメンバーという操縦安定性に関わる部品です。

サスペンションというのは、このサスペンションメンバーやスプリング、アームやショッ

母さいが1977年に急逝し、父六郎は78年に奥村貞子と再婚した。その披露宴で、妻多恵子、長男健、長女亜紀とともに＝1978年、東京都内のホテル

クアブソーバー（ダンパー）といった部品が集合した装置です。それまで当社がつくっていたのは、これらの部品を形成する部品でした。いわば部品の部品です。それらを日産が組み立てるなどして、サスペンションメンバーやアームとして完成させていたのです。

しかしこのときから当社は、サスペンションの主要な骨格部品であるサスペンションメンバーそのものも製造するようになり、サスペンション主体の部品メーカーとして歩み始めます。当初は日産から6～7人の技術者に出向してもらい、技術指導を受けながらの出発でした。

ちなみに、当社が庄内プレス工業を子会

社化する半月ほど前の73年10月中旬、第4次中東戦争をきっかけに第1次オイルショックが起きます。これにより日本の高度経済成長期は終わりを迎え、以後低成長期に入っていきます。

ところでこの20年ほど後にあたる92年、当社の各工場用の金型や生産装置を専門につくる子会社を、鶴岡市に隣接する東田川郡三川町に設立しました。ヨロズエンジニアリングです。

金型とは、素材を成形加工するための、主に金属製の型です。当時庄内ヨロズという社名に変更していた庄内プレス工業と、横浜工場にも、自社用金型をつくる工機工場が併設されていましたが、それらの業務も98年、ヨロズエンジニアリングに統合しました。

製造工程に外部に頼る部分があると、他社や市況の影響を受けやすく、「アキレス腱」になります。これをなくすには、自社で一貫生産できる体制が不可欠です。製品をつくるための器具や装置をつくるヨロズエンジニアリングは、その要となりました。

九州に新工場を設立

1971年4月、自動車業界に対する資本の自由化が実施されると、何社かが米国の大手自動車会社と提携しました。三菱自動車工業とクライスラー、いすゞとゼネラル・モーターズ、東洋工業（現 マツダ）とフォード・モーターです。業界はこれら「外資系」3社と、トヨタ自動車、日産自動車の「民族系」2社に大きく分かれたものの、それぞれ自由化に備えて競争力を高めていたので、かねて懸念されていた海外資本による買収は起きませんでした。むしろ輸出が増大し、各社の生産台数は順調に伸びていきました。

生産増加を背景に日産は75年、福岡県に新工場を設立し、地元で供給網を構築すべく、日産系列の部品メーカーに九州進出を要請しました。当社はこれに応じ、私が用地の選定を担当しました。日産の九州工場からほどよい距離にある、工場に適した平坦な土地を探し、大分県中津市に決めました。敷地面積は約5万平方メートル。中津港の近くで、海岸から最短で十数メートルです。

この中津工場（現 ヨロズ大分）は76年から建設にとりかかり、77年から操業を開始。その後何度も増設を重ね、当社の主力生産拠点となっています。

工場建設にあたっては中津市と公害問題について協定を結び、対策に万全を期しました。排水たとえば、騒音についてはプレス工場の周囲に四重構造の防音壁をめぐらしました。排水については1日200トンの浄化処理装置と、排水口までの間の6カ所で浄化をチェック

中津工場は現在、当社子会社の「ヨロズ大分」として稼働している＝大分県中津市

する仕組みを設けました。

しかし数年後、予想外の事故が起きました。当時私は中津工場での新たなプロジェクトのため現地に単身赴任していたのですが、数十年に一度という豪雨が発生し、工場敷地内に大量の雨水が降り注ぎ、浄化処理装置で回収しきれなかった機械油混じりの雨水が海にあふれ出したのです。

工場裏手の海岸は遠浅で、アサリ漁が行われていました。大急ぎで漁業組合に謝罪に行くと、組合長さんは「今回は仕方ない。次から気を付けてください」とおっしゃってくれました。お詫びに、１年間有効の潮干狩り入漁券を数十人分、組合から購入しました。中津工場の社員は、この入漁券で潮干狩りを大いに楽しんだようです。

以後、排水や浄化処理の設備を見直し、汚水が海に出ないよう徹底させました。小山工場（現 ヨロズ栃木）や庄内プレス工業（現 庄内ヨロズ）も近くに川や田んぼがあるので、排水関係の再整備を行うとともに、毎日雨水升を確認することを業務としました。私は中津に行くと、今も真っ先に雨水升を必ず確認します。

ところで中津での2年間の単身赴任は、プロジェクトチームの皆と毎晩酒を飲んで楽しかったのですが、弱ったのが醤油です。九州の醤油は甘みが強く、とろみがかっています。九州産の魚に合うと言われますが、私はなかなかなじめませんでした。山形県出身の父はさらに抵抗があったようで、中津で飲食店に出掛ける際は、「（甘くない濃口の）しょうゆの一升瓶を持ってついて来い」と私に命じたものでした。

ロボットを天吊りに

品質や出来高の安定のため「自動化の推進」を１９６０年代後半から強く主張していた父は、ロボット導入に非常に積極的でした。73年に横浜の本社工場に油圧式ロボットを導入し、抵抗溶接の実験や試作に使用。その後、小山工場（栃木県）にも導入しました。

安川電機の〝歴史的な受注１号〟は日本機械学会から機械遺産に認定され、当初は安川電機みらい館に隣接する安川電機歴史館に展示された。同歴史館で「MOTOMAN-L10」とともに、安川電機の津田純嗣会長（左から３人目）、同・小笠原浩社長（同４人目）と、私（同２人目）＝2016年

77年には、中津工場（大分県）のアーク溶接用に4台の電動式ロボットを導入しました。この4台は、安川電機が開発した「MOTOMAN－L10」の第1号機～第4号機でした。当時産業ロボットは油圧式が主流でしたが、同社は電動式でしかも多関節のロボットを開発。その最初の4台を当社が購入したのです。産業用ロボット製作の先駆として知られる安川電機における初の受注だったそうで、この4台のうち1台は「歴史的な受注1号」として、現在安川電機みらい館（福岡県北九州市）に展示されています。

当社には、「ロボット小僧」と呼ばれた最上博次 小山工場長（当時）をはじめロボット好きも多く、安川電機の協力の下、80年代に入ると急速に工場のロボット化が進みました。

小山工場では81年ごろから、ロボットを周辺システム込みで購入するのではなく、単体で購入するようになりました。作業に必要な周辺システムは、自分たち小山工場が設計・製作し、実用に供したのです。

83年には同工場のプレス作業において、ロボットに部品を運ばせて次の工程のロボットに渡すようにしました。床面にレールを敷き、ロボットごと移動させるのです。しかし安全上広いスペースが必要で、しかもプレスする製品の種類を変えるときは、ロボットをいったん外してから別の金型をプレス機にセットし、再びロボットを戻さないとなりません。これがかなり手間なのです。

そこで同年中津工場で、部品を運ぶロボットを床面ではなくプレス機上部に逆さに取り付けてみました。スペースを削減できる上、金型交換の際ロボットをいちいち外す必要がありません。安川電機には「ロボットは振動に弱いから、プレス機に取り付けるなど絶対ダメです」と猛反対されましたが、押し切りました。

プレス機に吊り下げたロボットは、アームを下に向けて部品を持ち上げ、次の工程にちゃんと移動させました。ロボット業界の常識に反して当社が始めたこの「天吊り方式」は、現在世界中で採用されています。

かつて産業ロボットの実用化が始まった頃は、「ロボットは人間の雇用を奪う」という否定的なイメージも世間にありました。しかし私は、「過酷な作業をロボットにさせれば人間は楽になる」「ロボットは人を幸せにする」、そう思って導入を推進してきました。

現在ヨロズグループでは金型や生産設備を自前でつくる一環として、複雑なものではありませんがロボットも自前で開発しています。工場内で部品を運搬するＡＧＶ（無人搬送台車）も、２０１４年から子会社のヨロズエンジニアリングで製造しています。

農機のクボタと取引

１９６８年、萬自動車工業に入社し栃木県の小山工場（現 ヨロズ栃木）に赴任したばかりのことです。取引のあった商社がこんな話を持って来てくれました。「農業機械メーカーの久保田鉄工（現 クボタ）さんが栃木県宇都宮市に工場を新設するので、近隣で部品メーカーを探しています。おたくでできませんか」

当時、久保田鉄工は、業界に先駆けて開発したバインダー（稲麦刈り取り結束機）が大

クボタから「優良企業賞」を受賞し、同社の岡本修副社長(当時、左)から賞状をいただく＝1996年

ヒットしていました。そのため新たな生産拠点を宇都宮に新設することになったのですが、同社の本社は大阪なので、部品協力メーカーも関西のメーカーがほとんどです。関東への進出が間に合いません。そこで、栃木県近辺で部品メーカーを求めているというのです。

農業機械の部品と自動車の部品とは共通点が多いので「ぜひやらせてください」とお願いし、ほどなく義兄でもある三浦昭副社長（当時）とともに、大阪にある同社本社や同社堺製造所を訪問させていただきました。68年夏に小山工場が稼働を開始すると、久保田鉄工の担当の方が視察に来られました。

翌69年5月、同社の宇都宮工場の第1期工事が完成し、同年8月、当社は田植え機部品を受注しました。やがて関西から久保田鉄工の協力会社が関東に出そろうと、当社との取引関係はいったんなくなりました。

改めて取引が始まったのは74年2月でした。同年同月、久保田鉄工が宇都宮工場内にコンバイン（収穫脱穀同時作業機）の工場を建設したことがきっかけです。従来のコンバインは人が押しながら作業するものでしたが、同社は人が乗って操作するタイプを開発。これが大好評を博したのです。日本の農業が「歩く農業」から「乗る農業」へと転換していく時代でした。

当社は、コンバインやバインダーの部品を同社宇都宮工場から受注。同社が75年に筑波工場を新設すると、筑波工場からトラクターの部品も受注するようになりました。「乗る農業」が主流となり農業機械が普及するにつれ、ニーズは多様化し、同じ機種でもバリエーションが増えていきました。自動車産業においては車種やバリエーションが異なっても、共用部品をできるだけ多くすることで合理化を図ってきました。当社は自動車部品での経験を生かし、農業機械についても部品の共用化を積極的に提案しました。また、部品専門メーカーとして、つくりやすく組み付けやすい形状などの改善提案も行いました。

同社からは93年に宇都宮工場から品質努力賞、98年に協力会社改善コンクールで優良賞、近年では２０１８年に調達本部長賞で銀賞など、何度も表彰も受けました。現在も主要協力会社として取引は続いており、とくにヨロズ栃木とは非常に深い関係があります。

自動車とは異なる農業機械という分野での部品製作を通し、当社はクボタから多品種少量の効率的な生産について、大きな学びを得てきました。私個人も当社に入社して初めて開拓に関わった得意先であり、特別な思いを抱いています。

宅地化進む港北区で

ヨロズの本社は横浜市港北区樽町にあります。１９５９年、鶴見区から移転してきました。敷地は横浜市の工場誘致に真っ先に呼応して取得したもので、本社と工場とを兼ねた約2万平方メートル。鶴見時代に比べると約5倍になり、社内外から無謀だと言われましたが、当時社長だった父六郎は「大きい魚をつかまえるには大きな容器が必要だ」と笑って答えたそうです。

当時は田んぼが広がる自然豊かな環境で、当社の敷地にはカエルはもちろん、ときにはカメがやって来たそうです。

２００メートルほどの距離にある鶴見川は、かつて台風や豪雨により何度も氾濫し、最

本社1階ロビーの当社製品展示コーナーで、若手社員とともに＝2020年、横浜市港北区

寄り駅の東急線・綱島駅までの道路が冠水することもしばしばでした。そんなときは、会社のトラックの荷台に社員を乗せて送迎することもあったそうです。

76年の台風のときだったと思いますが、鶴見川の氾濫で冠水した道路を朝、愛車サニーで会社に向かっていました。すると対向車線からバスが来て、路上の水面が大きく波打ち、小型車のサニーは歩道寄りに押し流されました。道路というのは中央がやや高く歩道寄りは低くなっていますから、車が浮き上がってしまい、タイヤが空回りして動きません。やむなくその場に駐車し、歩いて会社に向かいました。会社まで100メートルほどの位置でした。雨は小降りになっていたと思います。

途中で、やはり出勤中の上司と女性社員と一緒になり、「こりゃあ大変だよ」などとしゃべりながら、膝下までの水の中を3人並んでざぶざぶ歩いていました。不意に、真ん中にいた女性社員が消えました。「あれ？　さっきまでいたよな」「どこに行ったんだ？」と辺りを見回すと、足元でばちゃばちゃ音がします。頭の先が見えました。マンホールに落ちたのです。下からの大水でふたが流されていたのでしょう。彼女はとっさに両腕を水平に伸ばし、体を支えていました。

上司と2人で、水中から必死に引き上げました。気付くのが遅ければ大変な事態になっていたと思いますが、幸い彼女はけがひとつありませんでした。

さて、田んぼばかりだった一帯は中小の町工場が増え、やがて宅地になっていきました。当社の敷地の周りにもマンションが立ち並ぶようになりました。プレス機から生じるガチャンガチャンという大きな音や振動が、地域の皆さんの居住環境に影響を与えていることは明白でした。当社の業務内容も時代に応じて変化しており、生産拠点の整備や統合が課題となりつつある時期でした。

そこで90年代前半、この横浜工場の機能の大半を他の工場に移し、開発と自社用の金型製作だけに絞りました。しかし、それでも騒音はなくなりませんでした。試作のためのプレス機、それを動かすコンプレッサーがかなり大きな音を立てるのです。

最終的には、開発部門はヨロズ栃木に全面移転し、金型製作はヨロズエンジニアリング（山形県）に統合しました。横浜工場は完全になくなったのです。これについては後の項で詳しく記します。

工場が移転して敷地に空きができ、土地を売却したり貸したりした結果、現在の本社は道路以外の三方をマンションや商業施設に囲まれています。でも上階からは、穏やかな表情の鶴見川がよく見えます。

ＱＣ活動と社内意識

１９７８年、当社は創立30周年を迎えました。73年にオイルショックが起きたものの、高度経済成長とモータリゼーションの発展を背景に業績は順調でした。しかし、創業者で当時社長の父六郎は、「これまでは注文されたものをつくっていればよかったが、日産圏のサスペンションメーカーとして一本立ちするなら、信頼される品質保証体制を確立すべきだ」と強い問題意識を持っていました。

そのために提唱したのが「P3運動」でした。P3とは「参加」「生産性」「進歩」を英語にしたときの頭文字に由来します。QC（品質管理）活動を通して、人材の育成や品質意識の高揚を図るとともに、生産性を向上させ、活力ある職場をつくるのが目標でした。

父は早くからQC活動の有用性を認めていたらしく、私が入社する8年前の60年には社内にQC委員会を設立。日産から人を招き、社員への講習も行いました。さらに理解を浸透させるため、翌61年、月刊QC機関誌「よろず」を創刊。同誌は社内報として現在も発行されています。

こうした土壌のもと、78年から各工場で

社のレクリエーションで川遊び。魚を手づかみに

2016年のグローバルQCサークル改善事例発表大会で発表者たちと（前列左から２人目）。同大会は例年、栃木県小山市のYOROZUグローバルテクニカルセンターで開催している

P３運動が展開されました。私が生産管理の担当として意識したのは、源流管理でした。トラブルが生じたら源流にさかのぼって原因を取り除くのです。例えば設計から回ってきた図面に不備があって、工場の部品製造でトラブルが起きたとします。このとき現場で手直しをして対応すると、別の部品製造の工程でまたトラブルが起きます。源流、つまり設計の人間に問題点が伝わっていないからです。設計と現場とがともに改善活動を行えば、再発防止ばかりか、改善の将来的な効果が非常に大きくなるのです。

この時期の実践を通し、私はＱＣ活動はやればやっただけ効果が出ると強く感じました。効果が出れば、やる気も出ます。そこで現在もQC発表会を継続し、上位入賞チームには賞金を出すなどして盛り上げています。

２００５年からは、海外も含め全拠点が参加する「グローバルQCサークル改善事例発表大会」を年1回開催しています。各拠点の予選を通過した代表チーム約１５０人が日本に集結するので、会場の参加者と合わせると３５０人ほどになります。代表者が発表しているとき、現地の社員は現地時間が夜でも、インターネットを使ったライブミーティングシステムで画面越しに懸命に応援しています。スポーツの大会のように、仲間意識や一体感が高まるようです。新規に立ち上げた拠点が年を重ねるにつれ賞を取るなど、QC活動の継続が成長を促すことを実感しています。

さてP３運動が始まった後の１９８０年、三浦昭副社長（当時）が「中期戦略３カ年計画」を立案し、翌81年、正式に策定されました。しかし正直なところ、当時の当社は「日産に言われた通りつくっていればいいんだ」という受動的な意識がまだ濃厚でした。30周年のとき父が懸念したことが、３年経っても改善されていなかったのです。私自身「３カ年計画」が策定されても、ピンときませんでした。「３年も先のことなんて分からないし、俺たちに関係ないよ」と思っていたのです。

初の中期計画を策定

当社第2代社長を務めた三浦昭は、私の長姉啓子《けいこ》の夫で、私にとって義兄にあたります。山形県鶴岡市の出身で、私の両親とは縁戚関係でした。秋田大学の前身の一つである秋田鉱山専門学校で学び、姉と結婚当時は東邦アセチレンに勤務していました。父は、三浦が姉と結婚したことで能力や人柄について詳しく知ったのでしょう。1965年、彼を見込んで当社に引き抜き、以後父が社長、三浦が副社長の時代が長く続きました。

三浦は数字に強く、何事も筋道立てて考える人でした。当時の当社は私も含め、「とにかくやってみよう」と見切り発車し、失敗したら「次は頑張ろう」と原因分析もそこそこに再挑戦していました。そんな当社に三浦は、事前に統計や確率を用いて工程や手順を考えることを広めました。そして「なぜ失敗したか」を分析し、PDCAサイクル（「計画・実行・評価・改善」をセットで繰り返し、品質管理などを行う手法）による改善を徹底させました。

三浦の下で生産管理を統括していた私は、特に厳しく指導されました。いいかげんだった私が、PDCAサイクルを回したり、後に生産設備や組織を標準化したりするようになったのは、データを重視する〝数字偏〟の三浦に鍛えられたおかげです。

そんな三浦が副社長だった80年に打ち出したのが、当社初の中期計画「中期戦略3カ年計画」でした。日産自動車に言われるままに生産するのでなく、主体的に将来を計画しようと呼び掛けたのです。日産も、部品メーカーに対し中期計画の策定を求めていました。

そして、この計画の実施に向け進んでいた82年4月、父六郎がTQC導入を宣言しました。当社の体質を抜本的に変えることになる歴史的出来事でした。TQCとは total quality control の略で、「全社的品質管理」と訳されます。従来当社でも実施してきた品質管理や能率向上のためのQCサークル活動を、生産部門だけでなく販売や総務など会社の全部門に拡大するもので、経営者をはじめ全員の意識改革も含まれます。中期計画は84年から実施され、TQC活動による体質改善も組み込まれて展開されました。

父がTQC導入を決めた直接のきっかけは、日産が系列部品メーカーを対象に「日産品質管理賞（NQC賞）」を82年1月に制定したことでした。部品メーカーにおけるTQC定着と品質管理の水準向上を狙ったもので、当社はじめ各社は、受賞しなければ日産から受注できなくなると覚悟しました。

当社が1960年代から取り組んできたQCサークル活動やP3運動の成果を発展させるためにも、TQCを実施すべき段階に入っていました。

ＴＱＣ実施にあたっては、まずＴＱＣとはどういうものかを理解する必要がありました。早速、役員研修会や、管理職への産業能率短大（当時）による通信教育などが実施されました。また、日産系列の部品メーカーで構成される日産宝会（現 日翔会）でも品質管理セミナーが開催されました。このセミナーは翌年には、コースを対象者別に分けそれぞれ4日間合宿するという気合の入ったものになりました。

生産管理部長だった私は、社内各部門と議論をしながら計画の作成や実行を働きかけ、フォローしていきました。

企業として人材育成の重要性を再認識

かつて当社では、本社敷地で社員手作りの夏祭りを毎年行い、社員家族や地域の方々も招いていた。前列手前から三浦昭社長、志藤六郎会長（いずれも当時）。一番奥が私＝1988年、横浜市港北区

し、新しい教育基準をつくったこともTQC導入の大きな成果でした。「モノさえつくっていればどうにかなる」と目先の受注をひたすらこなしてきた当社が、それだけではだめなんだと気付き、長期を見据えた経営や品質管理を考え始めました。当社が大きく変わっていった時期でした。

夢の日産品質管理賞

1982年にTQC（全社的品質管理）を導入した当社は、TQC思想を社内に普及させるため83年にTQC推進室を設置し、84年にはさらに深化させるべくTQC全社推進会議を設置しました。

約2年間TQC一色で取り組み、84年2月、いよいよ日産品質管理賞（NQC賞）の審査を受けたいと日産に申し出ました。同賞は、TQCが定着したと判断される系列部品メーカーに日産が授与する賞で、これを受賞できなければ日産からの受注が困難になるのです。

4月、審査の対象に決定したとの通知を受け、同月から日産の指導下での「実情説明書」づくりがスタートしました。人材育成を図る財団法人「日本科学技術連盟」の講師による指導も日産の手配で始まりました。

5月からは日産の指導チームによる指導会が開始されました。4月から始めた実情説明書づくりでは、品質保証や技術開発など機能別に「実情」を列挙しましたが、今度はその機能ごとに設けた委員会の責任者が、日産の指導チームに実情を報告して質疑応答を行うのです。試験を想定した模擬問答です。そして評価を受けては報告し直す、ということを繰り返しました。

私は生産管理部長として「NQC賞を獲得しないと、日産系列として生きていけない」と必死でした。本来はTQCによって体質改善や技術力向上を行うことが目的であり、その結果がNQC賞です。しかし当時は同賞の受賞自体が目的でした。受賞しなければふるい落とされて終わりです。「順序が逆かもしれないが、今は受賞を目的にしろ」と皆に発破をかけました。

日産から指導を受けるだけでなく、当社としても改善事例発表会や管理職研修会、協力メーカー経営者研修会を頻繁に開いたほか、日本科学技術連盟の倉原文照先生らによるQC診断や指導会を何度も実施しました。

翌85年5月、小山工場（栃木県）がNQC賞の受審工場に決定。同年10月、同工場で中間審査が実施されました。私は前日から小山に入りました。工場内はぴりぴりした空気が

ＮＱＣ賞表彰式で日産の久米豊社長（当時、手前）から表彰を受ける当社の志藤六郎社長（当時）＝1986年３月、東京都内の日産本社（当時）

張りつめ、ものすごい緊張感でした。

日産から13人、当社から31人が参加。稼働中の工場の視察や実情報告などが朝９時半から夕方５時まで行われました。実情報告では、機能別の責任者に鋭い質問がいくつも浴びせられます。「実情説明書」をもとに想定問答を繰り返し練習したのはこのためでした。私も生産管理について質問されましたが、極度の緊張のせいか、何を尋ねられたか覚えていません。

中間審査はいわば一次試験のような位置付けです。日産の審査員からはおおむね好評をいただきましたが、いくつか問題点を指摘されたので、本審査に向け直ちに改善策を講じました。

同年12月25日、同じく小山工場で本審査が行われました。日産から9人、当社からは31人が参加し、中間審査と同じ内容で進行。鋭い質問や指摘を受けましたが、講評においては中間審査よりやや高い評価をいただき、翌86年3月、NQC賞合格の通知を受けました。

4年間弱の取り組みを通し、当社は主体性や長期的視野、データに基づき課題を発見・解決する姿勢が根付き、企業体質が大きく変わりました。製品の納入1万件に対する不良件数は81年に約25件だったのが、85年には約3件に大きく減少するなど、具体的な成果も表れ始めました。

現在もTQC活動は、海外を含む全拠点で実施しており、「QC活動と社内意識」の項で触れたように「グローバルQCサークル改善事例発表大会」が毎年開催されています。

新規販路を拡大する

1979年、当社はカチオン電着塗装という塗装方式を導入しました。防錆《ぼうせい》、つまりさびを防ぐ成分を、電圧を加えイオン化させた塗料にするもので、大幅に防錆効果が向上しました。カチオン電着塗装のプラントを有するのは当初小山工場だけでしたが、TQC（全社的品質管理）導入前年の81年には横浜工場にも設置。同方式を質量両面で一層拡充しま

会社の仲間と休日に海釣り（右から２人目）＝1975年頃、相模湾

した。また同じ頃、工機部門において金型製作を強化しました。

こうした技術力の向上を背景に同81年、東洋工業（現 マツダ）と新規に取引を始めることができました。同社に営業をかけたのは私でした。77年に中津工場（大分県）を新設した際、福岡県にある日産自動車九州工場からの受注だけでは生産変動の影響に左右されると思ったからです。東洋工業の本社は広島県にあり、九州の中津工場から比較的近い距離です。そこで売り込みに行ったのです。

取引が始まると、当社は部品専門メーカーとして、品質を変えないまま、つくりやすい工程でコストも低減できる設計を提案しました。東洋工業で設計参画した部品メーカーは、当社が最初だったと思います。かねて日産自動車からは「他の自動車メーカーからも受注できるようになれ」と要請されていました。日産という身内だけと取引していては、なれ合いや甘えが出てきます。そんな体質から脱皮し、技術水準を高めろと言うのです。このようないきさつもあり、82年のＴＱＣ導入の際、組織改革を行い「営業課」を新設しました。それまで営業活動といえば日産だけが対象だったので、当社には独立した営業部門が存在していなかったのです。以後、日産以外のメーカーとの取引を活発化させていきました。

86年には、いすゞ自動車と取引を開始することができました。それまで同社には私が何年間も営業に通っていました。父には「いくら行っても無理だろう」と言われましたが、しつこく通い続けていたのです。

あるとき同社の購買課長さんと世間話をしていて、聞き覚えのあるお国訛りに気付きました。「失礼ですがご出身は」と尋ねてみると「山形県の左沢《あてらざわ》です」「私の両親もそこですよ」。一気に距離が縮まり、当社の横浜工場を見ていただくことができました。そして3年ほどかけて段階をいくつも踏み、受注が実現したのです。自動車メーカーと新規に取引を開始する際は、車種の切り替えという車のライフサイクルも関係するので、３～5年は

父志藤六郎（一番奥）の自宅での新年会。私はその隣（奥から２人目）＝1980年ごろ、横浜市

かかります。このときは当社が得意とするサスペンションを含む大型取引で、新規取引として画期的でした。

94年、長年取引が中断していた本田技研工業（ホンダ）から、間接的に注文をいただきました。防錆塗装について非常に高い品質を求められ、当社は努力を重ねることで対応。おかげで当社の防錆塗装技術は一段と向上しました。

さまざまなメーカーからの受注は、学びや成長をもたらしてくれました。また、たとえばA社の部品の形状が製作しやすいと知ったことで、B社にも同様の形状を提案するなど、取引先にも当社の学びを還元できるようになったと思います。

日米貿易摩擦の影響

日本の自動車産業は１９６０年代、モータリゼーションの急速な進行に伴い快調に発展し、70年代に入ると輸出台数が大きく伸びました。背景にあったのは、2度のオイルショックにより燃費のよい小型車への需要が国際的に高まったことや、米国で１９７０年に制定された大気汚染防止のための法律（マスキー法）に、本田技研工業のシビックが世界で初めて適合認定されたことなどでした。

80年には日本の自動車生産台数が米国を抜いて世界第1位になるとともに、輸出台数が国内販売台数を上回りました。ちなみに、２０１９年の国別生産台数は1位中国、２位米国、３位日本の順です。

自動車以外の分野でも日本の輸出は増大し、それにより特に対米において繊維、鉄鋼、カラーテレビなどの分野で貿易摩擦が生じました。１９８０年代に入ると日米の収支差が拡大したことで米国による対日批判が高まり、とりわけ自動車輸出が問題視されました。米国の主要産業である自動車産業が日本車にシェアを奪われ、ビッグスリーと呼ばれる自動車大手3社が大打撃を受けたからです。米国の自動車産業では失業者が急増。日本車をハンマーでたたき壊す抗議行動が起きました。

米国からの強い圧力を受け、日本政府は81年、自動車メーカーに対し、乗用車の対米輸出台数を自主規制することを求めました。初年度の81年度分は、前年実績から14万台も削減した168万台でした。この自主規制は94年3月に撤廃されるまで、13年間実施されます。

米国は輸出規制とともに、日本の自動車メーカーが米国で現地生産することを強く要請しました。米国内の雇用を確保するためです。

こうした背景から、この時期日本の各メーカーは米国はじめ海外での現地生産を次々に始めます。当社の主要得意先である日産自動

東京都内のホテルで開いた父六郎の古希祝い。前列中央の六郎・貞子夫妻を囲んで一族が勢ぞろい（後列左端）＝1986年

車の場合、80年に米国に現地会社を設立。テネシー州スマーナというまちに工場を建設し、83年から生産を開始しました。

85年のプラザ合意により円高が急激に進行すると、海外での現地生産は一層促進されました。自主規制と海外での現地生産により国内での生産は減っていく一方なので、当社は強い危機感を抱いていました。

そんな状況にあった86年の初め、日産から「米国に工場をつくらないか」と打診がありました。テネシー州スマーナの現地工場に、部品を供給するためです。

当社も以前から「ゆくゆくは海外に」と口では言っていましたが、漠然とした夢物語でした。それが突然現実のものとなり、「えっ、アメリカ!?」という感じで、もう、われわれにとっては大変な出来事でした。

日産の現地工場がすでにあるのですから、受注は確保できます。願ってもないチャンスだと早速同年3月、三浦昭社長と志藤六郎会長（いずれも当時）が渡米し、数カ月かけて事前調査を行いました。そして7月に海外業務準備室を設置したのですが、海外経験が皆無である当社にとって単独での進出はかなり難しいこと、また、将来の事業計画に不確定要素が多いことが判明しました。困っていたとき、思わぬ助け舟が現れました。

米国に初の海外進出

助け船は、同じ日産系部品会社の日本ラヂエーター（カルソニックを経て、現 マレリ）でした。同社はすでに米国工場を有しており、現地でプレス加工のできるメーカーを探しているというのです。プレス加工が得意な当社は、日本ラヂエーターと補完し合う形で米国での事業を行おうと考えました。そして同社と合同調査団を結成して米国に現地調査。テネシー州への進出を決断しました。

1986年9月、同社と同社子会社と当社の3社合弁でカルソニック・ヨロズ・コーポレーション（CYC）（(現 ヨロズオートモーティブテネシー〈YAT〉）を設立。おっかなびっくりのスタートでした。

われわれ社員も海外進出の準備にとりかかりました。まずは英語です。三浦社長(当時）に「社内で英語ができる人間を集めてくれ」と言われ、全社員千数百人（当時）に確認したところ、何と0人！「1人もいないって…。学校で勉強しただろう」と言うと、「志藤さんこそどうなんですか」と言われ、言葉に詰まってしまいました。

日産に相談し、英語が堪能で海外業務に詳しい人に3人、出向してきてもらいました。そして英語はできないが技術に詳しい当社の社員を1人加えて、海外業務部を立ち上げま

ＣＹＣの工場開所式に来賓として訪れたテネシー州知事（左から２人目）を笑顔と握手で迎える父六郎（同５人目）。私も同席した（同３人目）＝1988年、米国テネシー州

した。

並行して、英語のできる社員を増やそうと、終業後に英語研修を行いました。先生は、米国から帰国した一家の娘さんです。三浦宅のご近所さんでした。授業は1回2時間ほど。私も出席しましたが、ほとんど上達しませんでした。一緒に参加した研究開発部（当時）の佐藤和己は大変真面目に勉強し、米国拠点で大いに活躍。後にヨロズアメリカ社長を経て当社の第4代社長に就任します。

工場の建設地を決めるにあたってはコンサルタント会社を使わず、日本ラヂエーターの力を借りながら、自分たちで進めることにしました。

テネシー州開発局に十数カ所の候補地を紹介してもらい、調査チームを組んで見て回りました。私もその一員でした。どの候補地も企業誘致に熱心でしたが、ウォーレン郡のモリソンという町が、日産の現地工場があるスマーナから車で1時間半というほどよい距離にあり、土地が平坦、地質が岩盤で強固と条件が整っていました。当社の工場はプレス機やコイル材など大変重量のある物が多いので、軟弱地盤だと沈んでしまうのです。

決め手は、モリソンから車で30分ほどのマクミンビル市の存在でした。ウォーレン郡の郡庁所在地です。われわれ調査チームが同市に到着したとき、前の訪問先での滞在が長引いて予定より2時間も遅れてしまったのですが、郡長はじめ電力や水道、教育関係の方々、報道陣など50人ほどが待っていてくれ、大歓迎してくれました。その温かさに、強行日程の疲れや海外進出に向けた緊張が吹っ飛ぶようでした。

モリソンに工場をつくったら、社員の多くがマクミンビル市に住むことが予想されました。ここならきっとうまくやっていける。調査チーム全員がそう感じ、モリソンに決めたのです。

マクミンビルの人々

当社初の海外拠点カルソニック・ヨロズ・コーポレーション（ＣＹＣ）は、１９８８年２月、米国テネシー州で操業を始めました。部品の供給先として想定したのは３カ所です。一つは、同州ですでに稼働していた米国日産自動車製造（ＮＭＭＣ）（当時）です。日本における場合と同様、ジャストインタイム、すなわち必要なときに必要な量だけ供給します。そもそも当社が米国に進出したのは、日産からＮＭＭＣへの供給を要請されたからでした。二つ目は、ＣＹＣを当社と合弁で設立した日本ラヂエーター（現 マレリ）の現地子会社です。同社はこの現地子会社のための部品メーカーが必要なので、当社と手を結んでくれました。

両社からの受注はＣＹＣ設立の前提でしたから、採算の面ではある程度安心できました。しかしせっかく米国に工場をつくるのです。より多くの収益を得たいと考えました。そこで三つ目として、米国に進出している日産以外の日本の自動車メーカー、そして米国の自動車および関連メーカーへの販路拡大を目標に掲げました。そのためその後私は毎年米国に出張し、営業活動を重ねました。何千マイルも車で走って、トヨタ自動車や本田技研工業など日本メーカーの現地法人や米国メーカーを訪問するのです。このことは後の項で詳

ＣＹＣ開所式であいさつをするテネシー州のマクファーター知事（中央）＝1988年５月、米国テネシー州のＣＹＣ工場

しく書きますが、８年ほど続けました。

ところでCYCを語るうえで欠かせないのが、工場近隣のマクミンビル市です。郡庁所在地でインフラが整備されているので、当社からの出向者はじめCYC社員の多くが同市に居住しました。工場用地決定の決め手となったのが同市の人々の温かさだったことは、前項で書いた通りです。

CYC設立当初は同市に仮事務所を開設し、私も出張でしばらく滞在しました。西部劇そのままの、古き良きアメリカのまちでした。私が事務所にいると、外を通る住民がわざわざ車を停めて「どこから来た？」と物珍しげに尋ねてきます。「日本からだ」と答えると、「日本？　ああ、これだな」と日本刀を振り下ろすまねをするのです。日本といえば、いまだサムライのイメージでした。

あるとき「このまちに日本人はいるか」と聞いてみると、「1人いる」とのこと。米国人の夫と死別した「戦争未亡人」の女性でした。大変親切な方で、英語のおぼつかない当社社員が病気になると病院に連れて行ってくれるなど、多くの当社関係者が本当にお世話になりました。

マクミンビル市はCYCの縁で、日本に興味と親愛の情を抱いてくれました。市長夫妻や郡長夫妻は何度も来日し、ヨロズエンジニアリングが立地する山形県三川町を訪問。地元の皆さんと最上川の川下りを楽しむなど交流を深め、94年には同町と友好都市の提携を結びました。現在も活発な交流を続けています。

初の海外進出が成功したのは、工場をマクミンビル市近くに建設したことが大きかったと思っています。

GMサターンを受注

米国の自動車産業は長らく、ビッグスリーと呼ばれた大手自動車メーカー3社が市場をほぼ独占してきました。ゼネラル・モーターズ（GM）、フォード・モーター、クライスラーの3社です。

しかし1980年代以降、この3社は日本車をはじめとする小型車にシェアを奪われ続けます。この苦境を打破すべく、ビッグスリーの1社であるゼネラル・モーターズ（GM）は環境に配慮した小型車の立ち上げを決定しました。車名はサターン。製造や販売を行うのは、GMがこのために85年に設立した子会社のサターン社です。従来のGM車と一線を画す意味で、生産拠点は自動車産業で栄えたデトロイトでなく、テネシー州に設けられました。

テネシー州といえば、くしくも当社がカルソニック・ヨロズ・コーポレーション（CYC）を86年に設立した州です。87年、同じ州内にあるサターン社が当社の得意なリア・サスペンションの供給メーカーを募っていると知り、挑戦を決めました。

たった1社を選ぶ募集に、世界中の部品メーカー約200社が応募しました。第1審査でいきなり12社に絞られましたが、CYCは残りました。第2審査は、車両仕様に沿った設計図面と計算データを提出する設計課題でした。当社研究開発部の佐藤和己（後に第4代社長）はじめ当社技術陣がCYCと共に力を注ぎ、軽量化と使い勝手の良さを追求した設計図を提出。サターン社からは調査チームが来日し、当社の本社や小山工場（栃木県）などを細かく視察していきました。

ＣＹＣの開所式で三井物産の若王子信行さん（中央）、ＣＹＣ初代社長で当社常務取締役（当時）の丸山喜三（左）とともに。若王子さんがマニラでの誘拐から解放された翌年だった＝1988年、米国テネシー州

私は「天下のＧＭだから受注は難しいんじゃないかな」と正直思っていましたが、88年1月、ＣＹＣに決定という連絡が入りました。

リア・サスペンションの設計のため、後日サターン社から図面が届きました。マフラーやガソリンタンクなどしか描かれていない非常にラフなもので、技術陣は驚愕したそうです。それまで自動車メーカーからもらう図面といえば、細かい部分まで描き込まれたもので、サスペンション部品はすでに設計されているに等しい状態でした。当社は設計するといっても、作り勝手の面で多少改善する程度だったからです。しかしサターンの図面はサスペンションメーカーの裁量に任される部分が非常に大きかったので、技術陣は「これは面白い」と勇躍。1カ月間の突貫作業で、全長5メートルもある図面を完成させました。

納入方法も、当社にとって初のやり方でした。他社で製造されたスタビライザー（走行中の車体を安定させる装置）など周辺部品もまとめて一式に組み付けたサスペンション・ユニットとして納入することが求められたのです。モジュール納入方式と呼ばれます。部品同士をしっかり組み付ける「締結」の技術が必要なので、日本の自動車メーカーは部品メーカーに任せず、自社で行っていました。そこで日産自動車の工場でユニットとしての品質保証の方法を学び、それをCYCに持ち込んで反映させました。

90年10月、サターンが発売されました。CYCはその後もライン改善などの努力を重ね、94年・95年と「GMサプライヤー・オブ・ザ・イヤー賞」を受賞しました。世界中の約3万社中の約150社に2年連続で選ばれたのです。私は「当社もここまで来たか。うちの技術陣の情熱はすごい」と、ただただ感激でした。

日米の違いに触れて

当社が米国に設立したカルソニック・ヨロズ・コーポレーション（ＣＹＣ）は、前述の通り１９８８年、ゼネラル・モーターズ（ＧＭ）の子会社であるサターン社から受注を獲得。94年にはＧＭ本体からも受注しました。

また、日産自動車とフォード・モーターが共同開発したミニバンの部品も、92年から納入するようになりました。これが評価され、93年、技術力の優れた部品メーカーとしてフォードから「Ｑ１賞」をいただきました。順調な成長を受け、ＣＹＣは94年に当社の連結子会社となりました。

こうした米国メーカーとの取引では、習慣や考え方の違いに驚きました。そもそも当初は外国人と接すること自体に慣れておらず、87年、サターン社の方々が初めて横浜の本社を訪れたとき、当社の人間は宇宙人でも来たかのように固まってしまい、「おい、アメリカ人だぜ」と声を潜めて遠巻きに見ているだけでした。でも同社の来訪が回を重ねるうち、自然体で付き合えるようになっていきました。

逆に、私が初めて米国のサターン社を訪問したとき、彼らは「これから一緒に仕事をするのだから何でも見てくれ。欲しい資料があれば何でもどうぞ」と、試作車の開発現場まで案内してくれました。「えっ、ここまで見せてくれるの！」と、懐の深さ、オープンマインドに感動しました。

在庫についての考え方も異なります。われわれ日本のメーカーは、トヨタ生産方式に代表されるように、いかに在庫を少なくするかを考え、必要なものを必要な分だけ生産します。つくり過ぎは過剰在庫になりますし、もし製品に不具合があった場合の損害も大きくなるからです。ただし、設備の信頼性を含めた緻密な生産管理が前提です。

ところが米国の自動車メーカーは、部品メーカーに10日分など多めの在庫保有を求めます。それが取引を行う条件の一つと言われて驚きました。１カ月分の在庫を求められた

ＣＹＣ開所式の日、同社および当社社員とともに（前から４列目の右から４人目）＝1988年、米国テネシー州

こともあります。もし自然災害や当社での労働争議が起きて生産が中断しても、在庫が多めにあれば部品を供給できるからです。この考えの背景には、大きな力を有するＵＡＷ（全米自動車労働組合）の存在もあるでしょう。

在庫を保有するにはそれなりの面積が必要です。広大な国土を持つ米国と、狭い日本。最悪の場合を想定しそれに備える彼らと、効率を最優先し必要最小限ぎりぎりで回すわれわれ。発想や文化の違いは、環境の違いでもあるのでしょう。

コストの面でも、彼らは一度に大量に生産すれば安くなると固く信じていますが、われわれは違います。プレス機の金型交換を短時間で行う「シングル段取り」などを採用していますから、少量ずつ多品種をつくる場合でも無駄な時間はかからないのです。

しかし２０２０年コロナ禍に直面し、日頃から最悪の事態に備える米国流にも一理あるのかもしれないと思い直しました。米国に限らず海外でビジネスを行うと、さまざまな違いを知り、戸惑います。違いは違いとして受け入れつつ、有用な手法は柔軟に取り入れ、当社にとって最も効率的な生産方式を突き詰めていきたいと思っています。

「ヨロズ」に社名変更

１９８０年代後半、海外での新規事業が成功したことで、若い人材にどんどん入社してもらおうという機運が社内で高まりました。

ちょうど世間でコーポレート・アイデンティティー（ＣＩ）という言葉を耳にするようになった時期で、社名やロゴを現代的に変更する企業が相次ぎました。当社も新しいイメージで若い世代にアピールしようと、ローマ字「ＹＯＲＯＺＵ」でコーポレートマークを作成することにしました。ローマ字なら海外でも通じます。

デザイン会社に「成長・発展するイメージで」と依頼し、色は「萬《よろず》カラー」の紺を指定しました。出来上がったマークは若々しさと力強さがあり、Ｒの次のＯに入った右上がりの５本の斜線が、五大陸への進歩・発展を表しています。40周年を迎える88年の１月１日から使用しています。

これに伴い、それまで使っていた「立志」マークは社章として扱うことになりました。志藤の「志」の周りをデザイン化された「立」が囲んでいるマークです。しかし古めかしい印象のせいか、現在は「ＹＯＲＯＺＵ」の社章を着けている社員がほとんどです。

同88年、私は常務取締役になったのを機に社名の変更にとりかかりました。せっかくマー

YOROZU

株式会社ヨロズ

上（ＹＯＲＯＺＵ）は1988年から使われるコーポレートマーク。下（株式会社ヨロズ）は正式商号で、90年以降使われている。色はいずれも、父で創業者の六郎がいつの頃からか「萬カラー」と定めた紺色

「立志」マーク

クをローマ字でつくっても、社名が萬自動車工業のままでは堅苦しく、若い世代に敬遠されがちだからです。しかも「萬」という漢字は、採用活動で学生から「何と読むんですか」と聞かれることが増えていました。名優で歌舞伎役者の萬屋錦之介さんも知らない若者世代が増えていたのです。また新聞などで「万自動車工業」と「万」の漢字で表記されるのも嫌でたまりませんでした。

　私はかねて父や第2代社長の義兄に「萬という字は読まれにくいからどうに

かしよう」と訴えていましたが、まともに取り合ってもらえませんでした。

先に触れましたが、志藤製作所を設立した父が戦争中買収した萬製作所の社名を当社の社名にしたのは、「萬」という漢字が好きだったからでもあります。だから、強い思い入れがあったのでしょう。私が「社名を変える」と宣言すると、激怒しました。「若者が読めないのだから仕方ないよ」と言っても、「学校が悪い。教育制度の問題だ」と埒が明きません。年配の幹部らも社名変更には反対でした。

「萬」は「数が多いこと」の意味を持つことからプラスイメージがあり、私も大好きです。でも、時代に合わせて読みやすく表記しやすい社名に変更しなければ、若い世代にも海外でも相手にされなくなるかもしれません。

ではどんな社名にしたらいいか、あれこれ考えました。当時製造業の社名変更では元の社名の頭文字をとって「テック」を付けることがはやっており、社内から「ヨロテック」はどうかと提案がありました。即座に却下した後、「よし、ヨロズにしよう」と心が決まりました。私が考えてもどのみち大したアイデアは出てきません。だったら単純に「ヨロズ」でいいじゃないか。カタカナ表記にすれば「よろず」よりは現代風だろう。そう考えたのです。父は猛反対し続けていましたが、90年6月、「株式会社ヨロズ」に社名変更しました。

念願の東証1部上場

新しいコーポレートマークを使い始めた1988年、東京証券取引所（東証）に上場するための調査を開始しました。株式上場は当時の三浦社長が86年の就任当初から主張していたことで、彼が率先して進めました。

人材採用や新規販路の開拓の際、当社の知名度の低さがネックになっていました。当社の顧客は自動車メーカーなので、一般消費者の皆さんは当社の部品が使われている車に乗っても、当社の名前を知ることはありません。しかも車の上部にあるランプやガラスならまだしも、当社が製造するのは主にサスペンション部品です。車をひっくり返さないと見えません。自ら発信しないと世間の皆さんに社名を知ってもらえない、知名度を上げるためには上場が必要だ、と私も強く感じていました。

また、上場企業になれば、社員のモラルの向上が望めます。厳しい審査基準をクリアする過程で内部体制や企業体質などを健全化できます。もちろん、株式市場を通じて資金を調達できるようになります。

89年2月、上場準備委員会、業務別の分科会、事務連絡を行う事務局を設立し、事務幹事証券会社である和光証券（現 みずほ証券）の指導のもと準備を始めました。社員を対象にした持ち株会も設立しました。

証券取引所による上場審査で重視される点は三つありました。一つ目は継続的かつ組織的に利益を計上できるか。二つ目は株主に利益を還元できるか。三つ目は経営基盤が安定しているか。最初の二つはクリアできそうでした。

ところが三つ目について、日産自動車に対する取引依存度が高いことが難点とされました。当時日産からの売り上げが全体の約9割に及んでいたからです。しかし、マツダや富士重工業、いすゞ自動車などとの取引が増えつつあったこと、86年に米国に設立したカルソニック・ヨロズ・コーポレーション（CYC）が米国の大手自動車会社と取引をしていることなどから、三つ目もクリアできる見通しが立ちました。ただし、日産への依存度の高さはかねて私自身が気になっていたので、この時期から米国自動車メーカーも含む新規顧客の開拓に一層力を入れました。

膨大な「登録申請のための報告書」や、審査のヒアリングに備えた「想定問答集」の作成などに大変な時間とエネルギーを費やしました。当時当社は原価計算も厳密にやっていませんでしたし、連結決算の方法もよく知りませんでした。経理の人間でさえ「ユーホーって何ですか」と尋ねてくる状態でした（有価証券報告書のことです）から、会社を根本から変えるくらいの勢いで、全社を挙げ無我夢中で取り組みました。

その甲斐あって準備は着々と進んでいきました。ところが、当時当社の持分法適用会社だったＣＹＣが、設立まもない頃だったのでまだ黒字化していませんでした。収益が東証の上場基準を満たせるかどうか懸念されたため、まずは、確実に基準を満たせる日本証券業協会の店頭登録の形で91年に株式公開しました。

株式公開されたとき、私は企業の社会的責任というものを強烈に感じました。社会の公器として安定した経営を行わねばと、ものすごい覚悟をしたことをはっきり覚えています。

その後ＣＹＣは黒字化。社内体制の整備などにも万全を期して、94年、東証２部に上場しました。翌95年には東証１部銘柄に指定されました。１年半での１部昇格はかなりのスピードでした。三浦社長をはじめとする当社の、「何としても一部に！」という強い思いのなせる業だったと思います。

バギー車の開発

１９９１年、日産自動車の関連会社が運営するオートキャンプ場「モビリティーパーク」（静岡県田方郡大仁町。現 伊豆の国市）から、「親子バギー」の開発と製作を受託しました。

当社が1992年に製作したバギー車とともに＝2020年、横浜市港北区のヨロズ本社

バギーとは、舗装されていないオフロードを走行する軽量のオープン車です。モビリティーパークの新しいアクティビティとして、二人乗りのバギー車に親子で乗って自然の中を冒険するのに使うというのです。

親子の触れ合いや子どもの情操教育、交通安全教育に役立つことができる点、日頃つくっているサスペンション部品が実車でどういう状況になるか確認できる点、何より当社の若手技術者に完成車両をつくる機会を与えることができるという点から、喜んで引き受けました。

中心となって取り組んだのは横浜工場の若手技術者６人です。１人だけ30代で、あとは全員20代でした。92年２月に開発を開始し、同年5月に一般公開。およそ3カ月という短期間で、6台を製作しました。ほぼ手づくりでした。

使用したサスペンションは、悪路走行に耐える当社設計の四輪ダブル・ウイッシュボーン式サスペンションです。予算が限られていたため、タイヤやガラス、ハンドルなどは取引のあるメーカーに頼んで無償提供していただきました。排気量は100ccと小さいですが、エンジンとガソリンで動くれっきとした自動車です。

担当したメンバーは大きな情熱をもって、夜遅くまでものすごい勢いで一所懸命取り組んでいました。私は傍で見ていることしかできませんでしたが、彼らが自動車産業に関わる技術者として何物にも代えがたいやりがいや喜びを感じていることがひしひしと伝わってきました。6台製作したうち5台を納入し、1台は現在も当社本社の1階ロビーに展示しています。

東京モーターショーへの出展

少年時代から車好きだった私は、大学生の頃から東京モーターショーに通っていました（1963年の第10回まで名称は全日本自動車ショウ）。年を追うごとに日本車のレベルが上がるのを実感し、国内外のさまざまな車を見ては「こんな車が欲しいなあ」と憧れました。当社に入社後も、趣味と仕事を兼ね毎回訪れています。79年開催の第23回では、東洋工業（現 マツダ）が出品したサバンナRX－7（78年発売）の恰好良さに度肝を抜かれました。サバンナRX－7はその前年にすでに発売されていたので、もちろん見たことはありましたし、恰好いい車だなとは思っていました。しかし東京モーターショーの会場で見るとその恰好良さが段違いで、圧倒されたのです。

そんな東京モーターショーに当社が初めて関わったのは87年の第27回です。日産自動車が出品したコンセプトカー（市販されていない試作的な車）に採用されていたアルミ製サスペンションが、当社と日産が共同開発したものだったのです。部品メーカー名は通常提示されませんが、頼み込んで「ＹＯＲＯＺＵ」のロゴをサスペンションに貼らせてもらいました。初めて出展側になり、大変うれしかったです。

そこで次の第28回（89年）は当社単独でブースを出展しました。この回から会場が東京の晴海から千葉県の幕張メッセに変更されました（現在は東京ビッグサイト）。当社は部品メーカーなので部品館への出展です。部品館を訪れる自動車業界の方に当社を知ってもらえると思いました。当時の当社は、日産や日産系列以外との取引がまだ非常に少なかっ

第30回東京モーターショーの当社ブースで。東証2部上場を目指している時期でもあり、証券関係者も多数ブースに来場した＝1993年、幕張メッセ

たのです。

若手社員中心のチームが、当社の主力製品であるサスペンションをどうすれば効果的に見せられるか知恵を絞りました。そして、日産のシルビアという当時人気の車を前後で真っ二つに切断し、それぞれを裏返して立てかけるという見せ方を思い付きました。

こうすれば、ちょうど来場者の目の位置に前輪・後輪のサスペンションが並びます。このサスペンションは、東京モーターショーの展示用に当社が実験的に開発したもので、軽量化を目的にアルミや樹脂を用いました。それをシルビアの車体に取り付け、実験で得られた強度や耐久性などのデータも合わせて展示し、説明を行いました。

サスペンションの専門メーカーを目指す当社の技術力を明快に示す部品展示でした。新車を真っ二つという斬新さも功を奏し、自動車業界内外の方々でブースは大盛況でした。

第29回（91年）は、ギグと命名したコンセプトカーを自社開発して出展。第30回（93年）は、市販車スカイラインのサスペンションを走行時と同じように作動させる展示をしました。第31回（95年）はスカイラインを１２０度反転させ、サスペンションが作動する様子を見られるようにしました。

以後も毎回出展しています。若手社員のアイデアや意欲が存分に発揮された、面白い展示になっていると自負しています。直近の第46回（２０１９年）は最新製品の展示に加え、来場者がロボットを操作して部品を組み立てるなど体験コーナーも設けました。

東京モーターショーは近年来場者数が減少していましたが、この第46回は１３０万人と盛り返しました。１人の車好きとしても、今後の盛況を願っています。

米国を車で営業活動

米国テネシー州にカルソニック・ヨロズ・コーポレーション（ＣＹＣ）を設立したのを

米国を営業活動で回っていた頃＝1989年、米国テネシー州のホテル

機に、１９８０年代後半から私は毎年米国に営業活動に出向きました。８年ほど続けたと思います。理由の一つは、ＣＹＣの受注先が日産自動車の現地法人だけでは不安だからです。93年にメキシコにも工場を設立したので、販路拡大の必要性は一層高まりました。

もう一つの理由は、国内での受注が頭打ちだったからです。日米貿易摩擦から生じた対米輸出自主規制により国内生産は増えず、どの自動車メーカーも自社系列の部品メーカーを食べさせるのに精いっぱい。日産系列の当社は相手にされません。しかし、どの自動車メーカーも貿易摩擦の解消対策として米国で現地生産を行っているのに、系列の部品メーカーはすべてが米国に進出しているわけではありません。そこに商機があるのでは、と思ったのです。

毎年初夏か秋に1週間から10日間程度、2～3人で米国営業に回りました。テネシー州ナッシュビルまで飛行機で行き、レンタカーを借ります。見本の部品を積み込むので、ゼネラル・モーターズ（GM）の大きなワンボックスカーをよく借りました。

まずCYCの工場に顔を出します。車で1時間半ほどですが、その間信号はたった二つです。その後デトロイトに行き、GMやフォードに営業です。クライスラーにも行きました。それから連日何百キロメートルも走って、各所にあるトヨタ自動車、ホンダ、東洋工業（現 マツダ）、いすゞ自動車、富士重工業（現 SUBARU）、三菱自動車といった日本の自動車メーカーの現地法人等を回るのです。

事前にアポイントを取ってあるので、皆さん会ってはくれます。しかし「ああ、日産系列のヨロズね」で終わり。受注にはほとんど結びつきません。ときに「○○という部品が調達できず困っているんだ」と急場の少量注文をいただき、それがきっかけで取引が始まることもありましたが、逆に「もう来なくていいよ」とはっきり言われたこともあります。

2000年に当社が日産系列から外されるまで、目立った成果は出ませんでした。なのになぜ毎年営業に行ったかといえば、米国が楽しかったからです。

夜はつたない英語で食事を注文し、仲間とわいわい酒を飲みました。営業活動の合間にはプロバスケットボールの試合を見たり、ニューヨークでミュージカルを見たり。テネシーでジャズやカントリー音楽を聴いたり、エルヴィス・プレスリーゆかりのスポットを訪ねたりもしました。ナッシュビルの空港には誰でも弾けるギターが置いてあり、そんな雰囲気も大好きでした。人々はフランクで心が温かく、米国で嫌な思いをしたことは一度もありません。

運転が好きなので長時間ドライブは平気ですが、ある日系自動車メーカーの工場は、延々と続くトウモロコシ畑の中の一本道を1時間以上も走らねばなりませんでした。行けども行けども同じ景色。ここだけは閉口しました。

欧州2社に技術援助

米国のカルソニック・ヨロズ・コーポレーション（CYC）の工場が操業を開始した1988年、日産自動車から「英国にも工場をつくらないか」という打診がありました。英国日産が乗用車プリメーラを生産するにあたり、サスペンションをつくるメーカーが必要だというのです。しかし当社はCYCが操業開始したばかり。「そんな余裕はありません」

英国・タレント社との調印式で、同社ロビンソン社長(当時、右)と握手を交わす＝1989年、米国のＣＹＣ

と断りました。

するとしばらくして日産から、「英国のタレント・エンジニアリング社というプレス部品メーカーに発注することにした。ついては同社に技術援助をしてほしい」と要請されました。同年5月のことです。

同年11月からタレント社と当社とで実務レベルの協議に入りました。毎月交互に工場を訪問し、どんな生産前活動が必要かを詰めていきます。常務取締役（当時）の私や、タレント社のロビンソン社長（当時）も日英を行ったり来たりしながら相談を重ねました。

そして金型や治工具や組み付け設備一式を当社が設計・製作し、製造技術情報とともに供与することになりました。89年9月に調印、翌90

年6月に生産設備一式を英国に向け出荷しました。並行し、タレント社の社員に当社工場で事前研修を受けてもらったほか、同社が生産設備を据え付けたり試運転したりする際の技術指導も行いました。

私もこの時期、始終英国へ出張していました。CYCとの並行で大変でしたが、英国では郊外でのゴルフやロンドンでの買い物などを合間に楽しめたので、苦になりませんでした。私は心配性ですが楽観的なので、どんなときでも楽しみが見つかるのです。

タレント社の人々はロビンソン社長はじめ皆とても真面目で、いかにも英国紳士といった人たちでした。来日すると、金型や生産設備を製造するヨロズエンジニアリングや庄内ヨロズ（いずれも山形県）を訪問することが多く、同県鶴岡市のホテルにある天然温泉大浴場が大のお気に入りでした。私もよく一緒に温泉につかったものです。

90年からは、やはり日産の要請でスペインのマヨ社に同様の技術援助を行いました。日産の現地子会社が生産する乗用車テラノⅡ（後にミストラルの名で日本に輸出）の部品が対象でした。

スペインでマヨ社役員が、自身のアウディに私と部下を乗せてくれたことがあります。カーブの多い田舎の一般道でものすごいスピードを出すので、後部座席の私は隣の部下に

「今、速度が何キロか見てくれ」と小声で頼みました。「…200キロです」。足が震えました。マヨ社役員は振り向いて「ミスター志藤、今日はこれから…」などと明るく話しかけてきます。そんな話は後でいいから、ちゃんと前を向いて運転してくれー！　と叫び出しそうでした。早く目的地に着きますようにと祈り続け、生きた心地がしませんでした。

でもスペインは大好きでした。バルセロナのサグラダ・ファミリアは何度も訪れました。料理も特に魚介料理がおいしくて、オリーブオイルはこの時期に一生分を摂取したと思います。

メキシコ、タイへの進出

メキシコに日産自動車の現地法人である日産メヒカーナがあります。当社の米国拠点カルソニック・ヨロズ・コーポレーション（CYC）は、隣国のこの日産メヒカーナにも部品を納入していました。

当時のメキシコは物価や賃金水準が米国より相当低く、通貨ペソは固定相場制が採用されていたものの、一方でインフレが恒常的に進行していました。こうした状況の同国でコスト競争力を高めたい日産から、当社は「メキシコにも工場をつくらないか」と言われ続けていました。しかし同国は経済も政情も不安定なので、決断できませんでした。

　私は米国出張の折、時に足を伸ばして日産メヒカーナにあいさつに行きました。同社の雨宮昭一社長（当時）は会うたびに「ヨロズもメキシコに来てくれよ」と強く誘ってくれました。そのたびにやんわり断るのですが、毎回断るのも気まずいので、あるとき彼の出張中を見計らって訪ねました。ところが日産メヒカーナに到着すると、いないはずの雨宮社長が「志藤君が来ると聞いて急遽戻ってきたよ」とにっこり。２日間にわたりメキシコ進出を口説かれました。

　折しも米国、カナダ、メキシコ間で北米自由貿易協定（ＮＡＦＴＡ）が１９９２年

開所レセプションを盛り上げてくれたマリアッチ。写真はメキシコ第２拠点であるヨロズオートモーティブグアナファト デ メヒコの開所式で＝2014年

に調印された頃でした。94年の発効に向け、メキシコ国内での部品調達率を高めようと雨宮社長も懸命だったのでしょう。根負けして「分かりました」と承諾してしまいました。

93年、日産メヒカーナ、日商岩井（現 双日）、当社の3社出資によりヨロズメヒカーナ（ＹＭＥＸ）を設立。94年11月に工場が稼働を開始しました。これを祝してメキシコ商工大臣や州知事も列席しての開所式、そして場所を変えてレセプションを盛大に開催しました。マリアッチという楽団がメキシコ音楽をにぎやかに演奏してくれ、彼らの歌のうまさに驚きました。

ところがその直後の同年12月、メキシコ社会に大激震が走りました。通貨ペソが大暴落しテキーラショックと呼ばれる通貨危機が発生したのです。ＹＭＥＸのプレス設備等は円・ドル建てで輸入していたので価格が暴騰し、外貨建て債務の評価額も大きく膨らみました。1年ほどでどうにか回復に向かいましたが、設立直後の大ピンチでした。

96年にはタイに、当社１００％出資の現地法人ヨロズタイランド（ＹＴＣ）を設立しました。日産から要請があったわけではありません。東南アジア経済がどんどん伸びていた時期で、タイにはすでに日本や欧米の自動車メーカーが進出していましたから、ビジネスチャンスを開拓しようと考えたのです。

ヨロズタイランド工場の開所式。僧侶を招いて祈禱式を行い、私（手前から2人目）や三浦昭社長（当時、手前）も安全や繁栄を祈願した＝1997年、タイのラヨーン県

工場用地は当初首都バンコク近辺で探しましたが、適切な土地が見つかりません。近郊のラヨーン県に造成予定の工業団地なら、場所も空いているし税制面でも優遇されると聞いて、案内してもらいました。草の生えた小高い丘があるだけでした。図面と見比べ、私は「一番上にある区画を買いたい」と申し出ました。タイは水害が多いので、できるだけ高い位置がいいと思ったのです。しかし「一番上はすでに買い手が決まっている。その下はどうだ」と言われました。「いや、一番上でなければ買わない」と粘ると、「じゃあ今、

契約書にサインするなら売ってもいい」。即座にサインをしました。

草ぼうぼうの丘を撮影し、帰国後「ここに決めてきたよ」と報告すると、「こんな土地を買ってどうするんだ」と役員連中に怒られました。しかし正解でした。バンコク近辺の低地はその後何度も水害に見舞われましたが、ＹＴＣの工場はまだ一度も水害の被害にあったことがありません。

技術援助で〝兄弟〟に

１９９５年、当社の斉藤健治常務取締役（当時）に、韓国から突然１本の電話がかかってきました。

「東光精機と申します。当社と一緒にビジネスをしましょう！」

当時ヨロズは、韓国の部品メーカーに技術援助をするよう日産自動車から要請されていました。同国のサムスングループが自動車産業に参入するので、日産が協力していたのです。

サムスンは以前から自動車産業への参入を計画していましたが、韓国内のさまざまな事情から実現できませんでした。ようやくこの時期実現にこぎ出したのですが、今度は既存の韓国自動車メーカーが部品メーカーに対し、サムスンに部品を供給しないよう圧力をかけたそうです。

部品を供給する部品メーカーがいなければ、自動車は製造できません。そこで、サムスンと日産は、韓国に新たな部品メーカーを育てようと考えました。サスペンションメーカーの候補は2社あり、うち1社が冒頭の東光精機（現 DKオーステック）でした。東光精機はこの仕事をぜひとも受注したくて、当社に直接電話をかけてきたようです。

現地に視察に行ったところ、東光精機は社員が数十人の町工場のような小さな会社でした。もう1社は溶接関係の大手メーカーだったので、技術援助をするならこちらだと思いましたが、なぜかその会社は辞退してしまいました。残るは東光精機しかありません。

95年末、サムスン自動車、サムスングループの商社、東光精機、当社の4社で部品組立設備や金型などの売買契約を締結しました。

同時に、東光精機と当社はフロント・サスペンションを中心に部品の技術援助契約を締結しました。当社は専任のプロジェクト体制を敷き、私が総責任者となりました。生産技術面は、最初に電話を受けた斉藤常務が責任者となって直接指揮に当たりました。それまでの海外事業経験を生かし、過去の不具合を改めて検討した結果を設備類に反映させたり、

来日したキムさん夫妻（左）と私たち夫婦（右）。クルーズ船での小旅行を楽しんだ＝2013年

日本での設備解体に同社の技術員を立ち合わせることで技術や知識を深めてもらったりと、きめ細かい技術援助を行いました。

同社のキム・クァンホン社長（当時）は大変意欲的で、当社の工場を何度も見学に来ました。だいたいいつも私が彼を案内したのですが、あるとき宿泊先の山形県のホテルで「2人だけで話がしたい」と言われ、彼の部屋へ行きました。すると、

「ともに事業をするということは、兄弟も同然なんだ。だからお金を出してほしい」

えっ、お金？　しかもあなたと兄弟になるの？　…でも、乗りかかった船です。

「分かった。出資するよ」

97年、同社に資本参加しました。

サムスン自動車は、現在ルノーサムスン自動車として生産を続けています。東光精機は大きく成長しDKオーステックと社名変更、ルノーサムスンや当社と取引をしています。私とキムさんはほぼ同年齢で現在も大変親しく付き合っており、彼の言葉通り、兄弟のようだと思うときもあります。

第三章

社長就任直後、系列が解消

不況下での社長就任

バブル経済が崩壊した1990年代初めから、日本は「失われた10年」と後に呼ばれる時代に入ります。当社は赤字にこそ陥らなかったものの、栃木県にあった子会社の高澤製作所を94年に清算するなど厳しい状況でした（同製作所の社員は全員、当社小山工場で受け入れました）。

自動車業界全体で見ても、90年は国内生産台数が約1350万台だったのに、95年には約1千万台に落ち込みました。同95年には、当社の主要得意先である日産自動車が座間工場を閉鎖し、過剰な生産能力の保有がいかに危険か痛感しました。当社も生産能力の過剰は同様でした。日産はバブル期に高級車シーマが大ヒットしましたが、バブル崩壊後はかなりの経営不振に陥っていました。

そんな中、当社は98年4月に創立50周年を迎え、2カ月後、それまで副社長だった私が社長に、社長だった三浦昭が会長に就任しました。私は55歳でした。

創業者で初代社長の父六郎が工場で働く姿を見て育ち、ゆくゆくは自分が継ぐのだろうと漠然と思ってきましたが、父がどう考えていたのか分かりません。

86年に父が義兄の三浦に社長職を交代するとき、私には何の相談もありませんでしたし、

日産の取引先で構成される日翔会の総会で、日産のゴーンＣＥＯ（当時、右）から表彰を受ける＝2003年

三浦が私にバトンタッチするときも、父から何の話もありませんでした。三浦の体調がすぐれなかったこと、在任期間が12年間という長さになったことが、98年に交代した理由だったように思います。

当時、当社は生産の重心を海外に移す中で新たな顧客開拓の必要性に迫られていました。「国内は不況だし、大変な時期に社長になってしまった」と思いましたが、ポジティブに取り組もうと拡販の陣頭指揮に立ちました。しかし、真に大変な事態はこの後でした。

翌99年3月、日産が起死回生を図り、フランスの大手自動車メーカーであるルノーとの資本提携契約に調印しました。

日産の収益状況や外資との提携の可能性については事前にある程度の情報を耳にしていたので、それほど驚きはありませんでした。「やはり日産の経営は相当深刻なんだな」と思う一方で、「日産だから何とかなるだろう」と楽観していました。むしろ、この提携により当社はルノーとのビジネスチャンスが開ける、われわれ部品メーカーにとって良い未来をもたらすだろう。そう期待しました。長年日産系列というぬるま湯につかっていた私は、それほどのんきでした。

同年6月、ルノーの副社長（当時）であるカルロス・ゴーン氏が日産のCOO（最高執行責任者）に就任しました。彼は早速各国の日産拠点や部品メーカーを見て回り、同年7月、当社のメキシコ拠点であるヨロズメヒカーナにも視察に訪れました。私は同席しませんでしたが、少し後にブラジルに出張で行ったとき、彼の部下だった人に「ゴーン氏ってどんな人なの」と尋ねてみました。「グレートだ」と返ってきて、優秀な人物なのだろうと想像しました。

99年10月、当社の運命を変えることになる「日産リバイバルプラン」が、そのゴーン氏から発表されました。

系列解消を通告され

１９９９年10月19日午前中、私は東京都港区にあるホテルの大宴会場にいました。約５００社１２００人の部品メーカーの幹部らでぎっしりでした。どの社も日産自動車に部品を供給している協力会社です。

日産のカルロス・ゴーンＣＯＯ（最高執行責任者）が登場します。ぱらぱらと拍手が起き、すぐにやみました。日産リバイバルプランの説明会が始まりました。前日18日に記者発表があったので、国内５工場の閉鎖や２万人以上の人員削減、部品購入コストの削減、系列会社の株式売却など、ある程度のリストラ策はこの時点で知っていました。突然降って湧いたリストラ策は衝撃的でしたが、内心の動揺を抑え、ゴーン氏の話が始まるのを待ちました。

この日の説明会でわれわれ取引先に突き付けられたのは、以下の三つでした。

①　納入価格の引き下げ（３年間で20％）

②　日産は取引する部品メーカーの数を半分に減らす

③　日産は株式を保有する取引先の株式を、４社を除き売却する

ゴーン氏は、日産の赤字を埋めるには全コストの６～７割を占めるという部品や資材の

コストをカットし、系列会社の株を現金化すれば手っ取り早い。そう考えたのでしょう。だから、記者発表翌日の午前中にまず、われわれ取引先に説明会を行ったのでしょう。

説明会は2時間近くに及び、会場からは「長年苦労を共にした実績は評価されないのか」「開発力や品質はどう評価するのか」といった質問が相次ぎました。

会場を出ると報道陣が集まっており、出てきた部品メーカー幹部らに「どんな話だったんですか」と口々に尋ねています。しかし誰も何も答えません。皆、硬い表情で足早に去っていきます。

私のところに顔見知りの記者さんが駆け寄ってきました。

「どんな話があったんですか」

「あなたたちが今朝の新聞に書いた通りのことですよ」

「4社を除いて系列解消だそうですが、ヨロズさんは残るんですか」

「いや、私には分かりません…。あなたたちが聞いてきて、教えてくださいよ」

それ以上言いようもなく、会場を後にしました。

数日後、この説明会に参加したうちの30社ほどが、当時東京都内にあった日産本社に招集されました。いずれも日産が株式を保有するいわゆる系列会社です。当社もその1社でした。

集められたわれわれは、日産からこう通告されました。

「日産は皆さんの会社の株式を持っていますが、すべて引き揚げます。ついては、次の売り先を各自で決めてください。自由に決めていただいて結構です。もし決められなければ、日産はどこにでも売ります」

いったい何を言っているんだ？　意味がのみ込めません。周囲の会社も茫然としています。「何か質問は？」と聞かれ、思わず手を挙げました。

「どこにでも売ると言いますが、ある日突然青い目の人が来て、『私が買いました』と言うような事態は勘弁してください」

すると、

「ハハハ、大丈夫。３日前には教えますよ」

むっとしました。同時に、相手は本気だと分かりました。

納入価格の引き下げについては、「3年で20％」という数値はさておき、理解できます。日産が立ち直らなければわれわれも生き残れませんから、これはやるしかありません。しかし、われわれの株を手放すから、売り先を決めるよう言われても、どうしたらいいのか

川　新　聞　　第3種郵便物認可

日産再生計画

県内部品メーカーに波紋

血のにじむ努力が

渦巻く不安、新たな難題

「これまでの値下げもぎりぎりの努力で達成してきたのだが…」―。約千二百社のサプライヤー（部品メーカー）を三年後に六百社以下に絞り込むことや関連会社のほとんどの株を手放すことを盛り込んだ日産自動車の大規模な再生計画（リバイバルプラン）は発表から一夜明けた十九日、「ゴーン・ショック」ともいえる波紋を広げている。「数字はショックだが時代の流れ。よく分析して対応したい」と比較的冷静さを保ちながらも、リストラなどで血のにじむコスト削減努力をしてきた県内の部品メーカーは不安を隠せない。

約2時間かけて日産リバイバルプランの説明を受けた取引会社のトップら　＝東京都内のホテル

この日午前十時から、東京都内のホテルでサプライヤー向けの説明会が行われ、約千二百人の取引会社トップが参加した。カルロス・ゴーン日産最高執行責任者（COO）自ら、三年後に二〇％の購買コスト削減を目指すリバイバルプランの説明に立った。激しくやりあう場面こそなかったものの、「長い間、日産と苦労をともにしてきた実績はまったく評価されないのか」「いったん（六百社の中に）選ばれなかったら二度と敗者復活のチャンスはないのか」「原価、原価というが、開発力や品質はどう評価するのか」といった質問が相次いだという。

「各社の危機感は相当なもの。うちは失うものがあまりないが、事態は深刻」と説明会に参加した外資系部品メーカーの幹部。実際、部品の設計・開発を委託されているという横浜のメーカー幹部は「一切、取引の実績評価はなくなるらしい。うちのような設計分野は今後も取引をしてくれる

日産の協力部品メーカー向けの説明会が行われたことを報じる記事（一部）。硬い表情で会場を出る部品メーカー幹部らの写真も掲載された＝1999年10月20日の神奈川新聞

皆目見当がつきません。系列が解体されるだけでも大ショックなのに…。周りを見ると、どの顔にも「どうしよう」「どうしよう」と書かれているかのようでした。

思い起こせば、当社は戦後まもない49年から日産と取引を開始しました。日産が九州、あるいは北米やメキシコなどに進出するのに伴い、部品供給を要請され現地進出を重ねてきました。日産が要求する品質水準を実現すべく、全社を挙げて必死でTQCに取り組み日産品質管理賞（NQC賞）合格を獲得しました。株式上場の際、日産への取引依存度が9

割もあったことが問題視されたほど、当社の経営は日産に依っていました。54年には日産の協力会社で構成される日産宝会（現 日翔会）の会員となり、第2代社長の三浦は日産宝会会長および日翔会初代会長を務めてもいます。

並行し、日産は69年に当社の株式の25％を取得して資本参加しました。99年当時は、31％を保有する当社の筆頭株主でした。その日産に、「保有するヨロズ株をすべて手放すから、その株の売り先を自分で見つけてくれ」と通告されたのです。

地獄の中で妻の一言

自社株31％の売り先を自分で探せと言われても、どうしたらよいのか分かりません。どこに売ればいいのか、何のアイデアもありません。

前社長で義兄の三浦会長（当時）は闘病中で、入退院を繰り返していました。この件について一度も相談できないまま、通告の翌月である1999年11月に亡くなりました。経営について相談する特定のコンサルタント会社との契約も結んでいませんでした。

会社存続の危機に直面しているのに、恐怖の中、自分一人で考えるしかありません。相談相手がいないことがどれほどつらいか痛感しました。

会社に行くと社員が皆、私の顔を見ます。「社長はどうするつもりだろう」「俺たち、どうなるんだよ」…、ささやき合っているのが聞こえるようでした。下を向くな、笑顔でいろ。自分に言い聞かせました。大きな声と明るい表情をつくり、「おはよう!」「おはよう!」と会う社員ごとに声を掛けました。

日産からは何度も呼び出され「どうなっているか」「早くしろ」と進捗状況を詰問されます。

いくら考えても良い案は浮かばず、頭の中は「どうしよう」「どうしよう」がぐるぐるうず巻くばかり。しらふでいられず、暗くなるのを待ち兼ね毎晩浴びるように酒を飲みました。飲めば少しは忘れられます。眠ることができます。でも朝、起きた途端に前夜の続きが頭に浮かびます。「どこに買ってもらえばいいんだ」…。

目が覚めている間じゅう悩み、夜になると現実から逃げるように酒を飲みました。毎日が地獄でした。

そんな状態が何カ月続いたでしょう。ある日、妻の多恵子がこう言いました。

「そんなに大変なら、会社を辞めたら?」

「…え?」

タイ進出を控え、他社が同国に建設中の現地工場を視察(左から３人目)＝1996年ごろ、タイ

妻はいつものあっけらかんとした調子で、

「あなたが無職になっても、うちは何とかなるわよ」

張り詰めていた緊張が解けたというか、変かもしれませんが、何だか急にほっとしたのです。

「いやいや、辞めるわけにはいかないよ。社員がたくさんいるんだし、俺が社長なんだから」

そう言いながら、心の一部がすーっと楽になっていくのを感じました。そして「ようし、何とかしなきゃ。頑張ろう」と気力が湧いてきたのです。

日本の自動車メーカーは積極的に海

外へとシフトしていました。今後も自動車ビジネスは海外市場が中心となるだろう。ならば海外の、それも同じ部品メーカーと手を組もうと考えました。

ファンドや海外部品メーカー計10社近くから資本参加の申し出が来ていました。中には超大手の海外部品メーカーもありました。組めば安定が見込めます。その代わり当社はのみ込まれ、その会社の「日本事業部」に沈む恐れがありました。それは嫌でした。父六郎が創業し、社員みんなで頑張って成長させてきた「ヨロズ」の名は何としても残したい。

米国のタワーオートモーティブという部品メーカーは、開発力に優れ製品領域が広いため補完・相乗効果が期待できると同時に、ヨロズの独立性を保てる企業規模でした。紳士的な社風にも好感を持ちました。

「タワー社に決めようと思う」

江波戸正隆常務取締役（当時）に打ち明けると、「いいアイデアだと思います」と賛同してくれました。日産リバイバルプラン発表から半年以上が経った、2000年夏でした。

売却先を決定したのは、日産に系列解消を通告された取引先の中で一番早かったと思います。悩み抜いて地獄の半年を乗り越えた私は、前向きな気持ちでいっぱいでした。

ところが、思わぬ障壁が立ちはだかりました。

タワー社と提携成立

米国・タワーオートモーティブ社に売却しようと決めた直後のことです。それを知ったルノーが、唐突に同社子会社であるＡＣＩへの売却を強く勧めてきました。ＡＣＩはルノーのシャシー部門が分離独立した、当社と同じサスペンション専門の部品メーカーです。

ずっと以前、ルノー関係者が「うちもサスペンション専門の会社をつくりたいんですよ」と当社の工場を見学に来たことがありました。生産設備を見て「これだけの多品種を少量ずつつくるのは、生産管理が大変でしょう」と驚いていたのが印象的だったので、よく覚えています。後にＡＣＩの設立を知って、彼が見学に来たのはこのためだったのかと膝を打ったものです。

ＡＣＩに売却しろと言われても、ＡＣＩでは販売先が限られ、営業地域も当社との相乗効果が見込めません。もしも、日産リバイバルプランの発表直後にＡＣＩとの提携を持ちかけられていたら、受けたかもしれません。しかし、系列解消の通告でどん底に突き落とされ、地獄の中で半年間悩みに悩んでタワー社との提携を決めたのです。当社の心は、広い世界にすでに羽ばたいていました。

「ＡＣＩの件はお断りします」

ルノーを訪問し、はっきりそう伝えました。

ところが相手は強気です。ルノーが提携した日産は、当時は当社売上高の約7割を占める主要取引先であり、当社の筆頭株主でもあったからです。その上、日産にCOOとして乗り込んできたルノーのゴーン氏は、当時日産のCOO兼社長に就任していました。

ルノー側はACIに売却するよう強硬に主張し、

「おまえじゃ話にならん。トップを連れて来い」

と言うので、

「俺がトップなんだよ！」

そう言い返し、席を立ちました。

帰社後、冷静になって、どうしたら説得できるか考えました。技術や相乗効果の話など通用しないルノーの財務担当者たちです。知恵を絞りに絞りました。人間は追い詰められると普段は使わない脳の回路がつながるのか、ある論理をはたと思いつき、後日改めて彼らに会いに行きました。

「えーと、そもそもあなたたちが日産の系列を解体して出資を引き揚げるのは、赤字を埋めるのに現金が必要だからですよね？」

「そうだ」

「いわば外部の真水が必要なんでしょ」

「そうだ」

「日産がヨロズ株をＡＣＩに売っても、同じ池の水がかき混ぜられるだけですよね」

「……」

「一つの財布の中で、お金を移動させるのと同じでしょ」

「……」

「他の会社に売れば、外の真水が新たに池に入ってくる。財布にお金が増えるじゃないですか」

「…そ、それは…。その通りだ」

われながら筋の通った理屈です！

彼らは悔しそうでしたが、引き下がりま

日産、タワー、ヨロズ３社の調印式。椅子に座った左から２人目が私。同３人目はタワー社のジム・アーノルド副社長（当時）＝2000年、東京都内の日産本社（当時）

した。

２０００年９月、日産が保有していたヨロズ株をタワー社が買い取り、当社とタワー社は提携契約を結びました。31年間にわたる日産との資本関係は、このときをもって消滅しました。

もしあのときルノーの一員になっていたら、経営の自由度を制約され、今のヨロズの姿はなかったでしょう。

ちなみにＡＣＩとは同年技術提携を結び、日産・ルノーの戦略車種をグローバルに分担。その後当社はＡＣＩを巻き込んで、日産以外への販路を拡大していくことになります。

3年で20%の値下げ

１９９９年に日産自動車が発表した日産リバイバルプランは、われわれ取引先に対し「系列の解消」のほかにもう一つ、「納入価格を3年間で20%引き下げること」という課題を突き付けました。これは協力せざるを得ませんでした。当時当社は売り上げの7割近くを日産に依存していましたから、日産が再生できなければ、当社も生き残ることができないからです。

とはいえ「3年間で20％」はあまりに大きな数値でした。もともと日産からは恒常的に値下げを求められ、ぎりぎりまでコストを切り詰めていました。しかもこの時期当社は、収益悪化等により創業以来初の赤字に直面していました。後に判明した99年度の経常収益は、前期比の約半分でした。

私は、こういった苦しい事情を伝えれば日産は数値や期限を甘くしてくれるだろうと思っていました。これまでもコスト削減などを要請された際、窮状を訴えれば多少の温情をかけてくれたからです。私はぬるま湯から抜け切れていなかったのでしょう。高をくくっていたのです。

ところが日産は何度も低減計画の提出を求めてきます。交渉の余地はないのだと悟りました。

寒風の中に放り出された思いでした。石にかじりついてでも達成しなければならない。身を切って血を流さなければならない。そう覚悟を決めました。

２０００年4月から3年間で、つまり03年4月までに20％削減するには、1年目に8％、2年目にその7％、3年目にさらにその6・5％を減らしていく計算です。これを達成するために、「ヨロズサバイバルプラン」を策定しました。すなわち生き残り策です。

まず、六つの分科会とそれぞれの原価低減目標額を設けました。設計分科会で13億円、工場分科会で10億円という具合で、3年間で合計47億円です。

余剰な生産能力を削減すべく、どこかの工場を閉鎖しなければなりませんでした。一番新しく設立され、日産など大手顧客への影響が少ないことから、苦渋の選択で私自身が福島ヨロズを選び、00年12月に閉鎖しました。社員については、他拠点への振り分け配置や近隣取引先への再就職あっせんなど、会社としてできるだけのことをしました。

00年4月には早期退職優遇制度も実施しました。断腸の思いを伴いましたが、

ヨロズオートモーティブノースアメリカ（ＹＡＮＡ）の地鎮祭で（中央）。「ヨロズサバイバルプラン」進行中にも海外拠点を増やし、ＹＡＮＡはゼネラル・モーターズを主力の顧客とする生産拠点とした＝2000年、米国・ミシガン州

中に1人、「ラーメン店を開業するのが夢だったんです」と前向きな姿勢で制度を利用した社員がいて救われる思いでした。福島ヨロズ閉鎖と早期退職優遇制度の実施により、約200人が当社を離れました。

また、物流拠点の統廃合、遊休不動産の売却などを行ったほか、工場の勤務形態を日勤・夜勤の2直から、日勤のみの1直にしました。夜間は昼間より生産量が少ないのに、工場を稼働すれば電気代や燃料代、人件費といったコストが昼間とほぼ同じだけかかるからです。昼間1直なら、コストは半分で済みます。

こうして1年が経過した00年度末には相当手応えが感じられました。そこで翌01年度の計画では、原価低減目標額を「3年間で47億円」から「3年間で48億円」に上方修正しました。

連続赤字を機に改革

部品の納入価格を「3年間で20％」低減することを日産自動車から求められた当社は、予想以上の手応えをもとに3年目も一層の力を注ぎ、02年度終了時には約58億円の原価低減を実現。日産リバイバルプランが突き付けた課題に対応することができました。

目標達成のため必死に取り組んだものの、3年で20％の値引きはあまりにも大きく、その結果、01年度と02年度は2期連続で赤字に陥りました。このままでは当社の存続が危ぶまれる状況になりかねません。

しかし他の部品メーカーを見ると、日産の厳しい値引き要請に応じながらも赤字を出していない会社がたくさんあります。ということは、当社のやり方に問題があるのではないかと考えました。

実は私はこの数年前から、社内改革の必要性を感じていました。実行のタイミングをつかめないでいたところ、2期連続の赤字に陥り「しめた」と思いました。社員も役員も危機感を抱いている今こそ、改革の好機だと思ったのです。順調で平穏なときは、現状を大きく変えることになかなか手が出ないからです。同時に、従来とはまったく異なる抜本的な対策をとらなければ、2期連続の赤字という大変な事態は乗り越えられないという切実な危機感もありました。

社内改革で変えたかった一つは経営のあり方、もう一つは社員の意識です。そして後者のほうが緊急性が高いと感じていました。長年日産ばかりを見て内向きの仕事をしてきたので、外の世界に目が向いていない社員が多かったからです。

「3年間で20％」低減を達成した直後の03年4月、私は「経営改革」を宣言し、「生産革命」と「マネジメント革命」という2本柱を打ち出しました。

生産革命とは、ものづくりにおける改革です。製造業である当社は、競争力の高い製品をつくることで利益を得ています。ただし会社は生産部門だけでは成り立ちません。経理や総務、営業といった一般部門も必要です。そこでマネジメント革命で、一般部門も対象にしました。両革命のキーワードは、安全と標準化です。

「〇〇革命」という名称は私自身が考案しました。革命を起こすくらいのエネルギーを使わないと当社は変わらない、という切迫した

取引先トップの友人たちとのゴルフで、ひとときの息抜き（右端）。うち1人は学生時代からの付き合い＝2001年、大磯町

思いの表れでした。

生産革命は、具体的にはトヨタ生産方式の導入でした。同方式は当時すでに高い評価が確立しており、さまざまな業種で導入され効果を上げていました。専門の経営コンサルティング会社に依頼し、同方式を指導してもらうことにしました。

トヨタ生産方式は、その名の通りトヨタ自動車が確立した方式です。当社は長年日産系列として生きてきましたから、私がトヨタ生産方式を採用することを発表すると、社内は驚き、当惑しました。これも私の狙いの一つでした。同方式の導入は「ヨロズは今、変わらなければ生き残れないぞ」という社員へのメッセージであり、ショック療法でもあったのです。

トヨタ生産方式の導入

「トップの本気が成否の決め手です」

トヨタ生産方式を導入するにあたり、指導を依頼した経営コンサルティング会社の神田欣司講師から最初に言われた言葉です。ナンバー2ではなくトップ自らが本気を見せなければならない、というのです。「なるほど！」と思った私は、神田講師が各工場を回って指導する際に極力同行しようと決めました。

導入方法について社内では、まず1カ所の工場をモデルとして導入し、その後他の工場にも拡大しようという意見が大半でした。しかし私は海外を含めた全拠点で同時展開することを強く主張しました。モデル工場を設定すると、他の工場は「どれどれ、お手並み拝見」「がんばれよ」と人ごとになります。一斉に導入すれば、各拠点の進展具合が一目で比較できますから、どこもよそごとではいられません。

トヨタ生産方式によって大きく変えた点は、例えば工場の組み立てラインです。従来は部品ごとに1本15メートルほどのラインを設け、数人がついて同じ工程を担当していました。しかし同方式ではそれを何本分かつなげ、約100メートルのラインで多品種・多工程の生産を行うようにしました。100メートルのライン1本に複数の人間がついて、各自複数の品種や工程を担当します。

生産する品種や量が多くなれば、ラインにつく人数を増やします。逆に生産する品種や量が少なければ、人数を減らし1人が担当する品種や工程を増やしたり、あるいは同じ人数で1人が担当する工程数の割り振りを調整したりします。

こうすれば、品種や量が増減しても規定の時間できっちり生産が完了します。必要なも

ヨロズオートモーティブミシシッピ（ＹＡＭ）の開所式で（中央）。北米４番目の拠点となった＝2003年、米国・ミシシッピ州

のを必要なときに必要な分だけつくる。ジャストインタイムと呼ばれ、トヨタ生産方式の基本思想の一つです。かつての当社は、量が多ければ残業し、少なければ余った時間で過剰に生産して不要な在庫を生んでいました。そうした無駄がなくなったのです。

同方式の導入は、工場内のスペース効率の向上ももたらしました。短いラインが何本もあると、その周囲４辺の通路がラインの本数だけ必要です。しかし長いライン１本にすれば、通路はライン１本分の四辺で済みます。全工場でレイアウトを変更しました。

トヨタ生産方式による大きな変化に、社

員全員がすぐ対応できたわけではありません。でもトップである私が常に講師とともに現場で指導に立ち会ったことで、本気が通じたのだと思います。やがて全員が対応できるようになっていきました。

神田講師は、海外を含む全拠点を7年ほどかけて何巡もしました。私は国内拠点は100%同行し、海外は要所要所に同行しました。実際に現場に立ち会うと、本で読むだけでは分からなかったことが随分分かりました。「門前の小僧」です。大変勉強になり、私自身にとっても非常に有意義な経験でした。

トヨタ生産方式の効果は驚異的でした。2003年4月に導入し、同年度（04年3月期）は売上高が前期比7.6%増、営業利益が前期比177.0%増と、増収増益になりました。

ところで当初、トヨタ生産方式を社外向けには「TPS」と呼称していました。長く日産系列だった当社にとって、「トヨタ」と堂々と口にするにはもうしばらくの時間と勇気が必要だったのです。

マトリックスで革命

2003年からヨロズが取り組んだ経営改革は2本の柱がありました。1本は生産革命、すなわち前項で書いたトヨタ生産方式の導入です。もう1本はマネジメント革命です。こちらはものづくり以外の一般部門を対象とする改革で、具体的には機能別管理の導入です。専門家の助言を受けながら私が「機能別マトリックス」の考え方を立案し、それを経営現場に当てはめていきました。

152ページに掲げた図がそれです。一方の軸は「安全・生産」「人事」といった機能、もう一方の軸は「栃木」「YA（ヨロズアメリカ）」といった拠点（地域を含む）を表します。重要なのは「横通し」で見ること。つまり、機能で各拠点を貫くように見ることです。例えば人事については人事機能の責任者が、栃木の人事もYAの人事もインドの人事も横一直線で見ます。責任者には役員クラスを配置し、権限を持たせました。人事機能の責任者1人に全拠点の人事業務の情報が集約されますから、的確な実情把握と迅速な経営判断が可能となります。

また「横通し」で見ると、全社的視点に立って管理できるので、ヨロズグループ全体の利益に寄与しないものを是正することができます。

というのは、ある拠点にとっては利益になっても、グループ全体で見ると利益にならないケースがあるのです。これは「部分最適」か「全体最適」かという問題で、私が何十年も課題として考えてきたことでした。

　また、従来は例えばＹＡの販売担当者にとって、ボスはＹＡの社長１人でした。そしてＹＡのやり方で仕事をし、ＹＡ内で情報を共有していました。これだと拠点の中ではうまくいきますが、拠点ごとにやり方がバラバラなので、全拠点を俯瞰し改善したいときには不都合です。

　私がその弊害を最も感じたのは、各拠点の財務担当者から毎月メールで送られてくる月次決算書でした。

　印刷して横一列に並べると、まず用紙サイズがＡ４、Ｂ４とまちまちです。記載されている項目も書式も、拠点ごとに異なります。まとめてくずかごに放り込みました。唖然としている財務機能の責任者に、「バラバラだから比べようがない。見たってしょうがないよ」。

　次の月も、その次の月も捨てました。「体裁や書式や項目のフォーマットを統一するんだ」「決まった項目を決まった行数だけ書くように」と何度も言いました。全拠点の統一まで１年近くかかりました。

　標準化された月次決算書は、同じサイズの用紙の同じ位置に同じ項目が同じ行数で記載されています。言語は異なっても、並べて横一直線で見ていけば、ある事項に関する各拠点の状況がすんなり把握できます。すると問題点がひと目で分かり、改善にすぐさま取り掛かることができます。

このようにマネジメント革命は、全拠点・全業務の標準化を図るものでした。そして、各拠点の担当者は、部分と全体の二つの視点を両立させながら業務を行うようになりました。

またマネジメント革命を行う中で、小山工場と中津工場をそれぞれヨロズ栃木、ヨロズ大分という当社の子会社として分社化しました。機能別マトリックスで拠点を示す軸がこの両社以外はすべて会社組織だったので、それに揃えたのです。分社化したことで、栃木も大分も自立した事業判断が

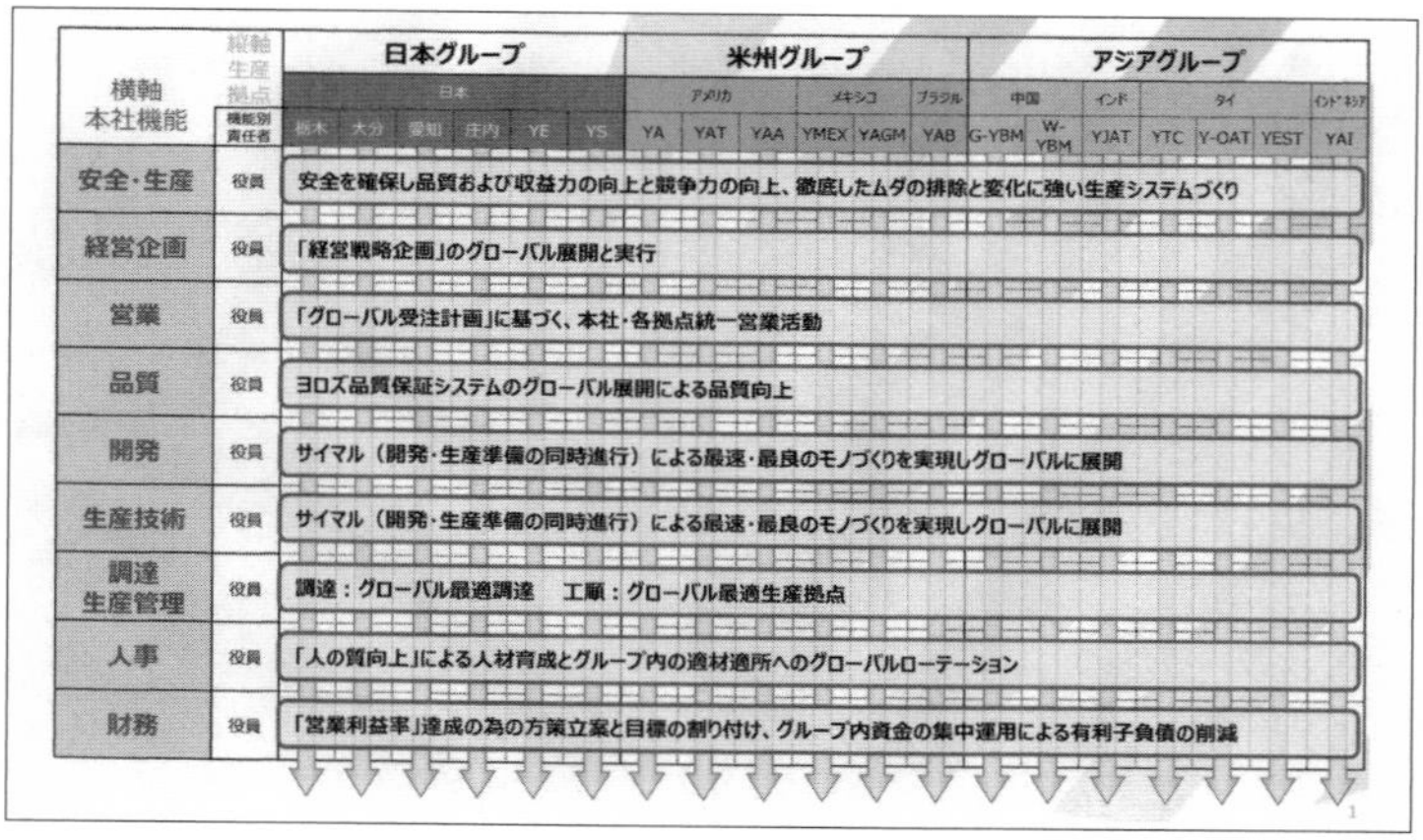

2020年時点の機能別マトリックス管理の組織図。マトリックスは「基盤」「行列」の意味で、ここでは縦と横に項目を配置。九つの機能が横通しで拠点（地域）を把握する構造が示されている

ヨロズメヒカーナ創立10周年記念式典の際、ちょうど還暦を迎える年だったことから赤い革ジャンを社員からプレゼントされた＝2003年、メキシコ

可能になり、機敏な経営が強化されました。

部分最適は全体最悪

２００３年から取り組んだ経営改革のキーワードは「標準化」と「安全」です。標準化を掲げたのは、私は当社に入社してから社長就任までの30年間「部分最適は全体最悪だ。これを是正しなければ」と強く思い続けていたからでした。

部分最適とは、例えばこんな事例です。横浜工場で使っていたある金型を、庄内ヨロズのプレス機に取り付けようとしました。ところが庄内の社員がその金型を削っています。「うちのプレス機に入らないので」と言うのです。

日本から米国工場に送った生産設備が、同じ設備なのに発送元の拠点によって仕様がまちまちだったこともありました。技術の人間に問い合わせると「ああ、小山方式だと○○で、中津方式だと××なんですよ」と悪びれもせず言うのです。

小山工場や中津工場といった各工場は自分たちのやりやすいよう機械に改良を加えており、しかも工場間の競争心もあって、その改良を自工場だけの秘密としていました。「部分最適」です。その結果、米国工場の業務に支障が出るという「全体最悪」が生じたのです。私は「小山方式も中津方式もあるか。うちにあるのはヨロズ方式だけだ!」と、各工場を叱りました。

工場が独自に改良するのは構いません。でもそれがよい改良であれば全社で共有し、標準とすべきです。そうすれば部分最適が全体最適に昇華します。

現在の当社では世界中の全拠点が標準化されているので、災害などでどこかが生産不能になったとき、別の拠点で直ちにバックアップができます。これは新型コロナウイルス感染症の影響で中国・武漢の生産が再開できなかった際、有用性を実感しました。また、どの工場も同じ1枚の図面で建設できるので、後に2年8カ月間で6カ所の海外拠点を設立し稼働することができました。

トヨタ生産方式が導入された工場の様子。長いラインを少人数で担当する。すっきりして見通しが良い＝2012年、メキシコのヨロズメヒカーナ

「安全」については、特に製造現場で顕著に効果が表れました。現場ではトヨタ生産方式を採用し、複数のラインをつなげて長い1本にし、1人が多工程を担当しました。また、生産性向上のため、大部屋に組み付けラインと溶接ラインとを並べて配置するなどしました。こうしたレイアウトの改善により、全工場で40％ものスペースが空きました。その結果見通しが良くなり、歩行帯とフォークリフト用通路の分離もできました。おかげで、フォークリフトに気付かず人がぶつかるなどの事故やけがが激減したのです。米国の工

場では労働災害などに備えた保険料がぐっと安くなりました。見通しが良いので、トラブルが起きればすぐ発見できます。安全管理も向上しました。

安全管理・教育も改革しました。従来総務部が担当していたのですが、彼らは報告を受けるだけで工場に行きません。当事者が対策を考えなければ意味がないと考えて、各工場に安全管理・教育を担当させました。現在は、YPW（ヨロズプロダクションウェイ）統括部という部門が「横通し」で全拠点の安全を統括しています。

系列を離れたことで、受注が活発化

2000年に日産自動車との資本関係が解消されると、私は社内に「これからは〝全員営業〟でやろう」と呼び掛け、海外での拡販活動を積極的に行いました。系列を離れたことで、相手の反応が違ってきたからです。かつては米国で日系自動車メーカーに営業に行くと「ああ、日産系列のヨロズね」と門前払いに近い状態だったのが、「あのさ、こういう部品はつくれる？」と一歩踏み込んだ話をいただくことも増えてきていました。どのメーカーも系列解消のことを口にしませんでしたが、私は劇的な変化を感じていました。

営業活動において当時私が念頭に置いていたのは、その数年前の1996年に本田技研工業の購買部主幹からいただいたコメントです。当社と同社との取引は67年に中断されましたが、94年に同社の米国法人から、間接的ではあるものの受注をいただきました。そのときの実績で高評価を受けたことと積極的な営業活動により、98年に取引再開がかなったのです。

コメントの要旨は、「安いだけでは系列外の部品メーカーに発注できない。ヨロズならではのセールスポイントを明確にして実践すべし」というものです。この主幹の方には厳しいお言葉もいただきましたが、当社のことを真剣に考えてくださったからこそであり、このようなコメントをくださったこと自体大変ありがたく思いました。

技術力や提案力といったセールスポイントを意識しながら各社を営業し、２００１年にタイでトヨタ自動車、02年に米国で三菱自動車工業、04年にはスズキとダイハツ工業、そしてタイで日野自動車と、次々に新規顧客を開拓。私が１９８０年代後半から8年ほど、海外の日系メーカーを営業に毎年回った成果が、一気に花開いたのです。またスズキの受注は、先に触れたルノーの子会社ＡＣＩとの共同開発により獲得したものでした。

トヨタグループとの取引は長年の夢でした。かつてトヨタが九州に工場を新設するにあたり、当社の中津工場（現　ヨロズ大分）との取引の話が進んだことがありました。90年

ホンダのメキシコにおける生産販売会社ホンダ・デ・メキシコから、取引先部品メーカーに贈られるＱＤ賞の表彰を受ける（中央）。同社の八巻勇社長（当時、左）と共に＝2011年、メキシコのグアダラハラ市

前後のことです。ところが日産から水を差すような発言がマスコミに出たため、立ち消えとなりました。この営業活動を最初から進めていたのは私だったので、とても残念で頭の中が真っ白になりました。

ところで、他社同様トヨタも海外での現地生産を進めていましたが、他社のように国内生産量が下がらなかったので、系列部品メーカーは海外にあまり進出していませんでした。そのためトヨタの現地法人は部品を日本から送らせるなど、苦労していました。

あるとき個人的にも親しいトヨタ役員の方が、当社のタイ拠点を見に来た際「うちの協力部品メーカーにもっと海外に出るよう講演してくれないか」と言うので、「その代わり、仕事をくださいよ」と冗談交じりで引き受けました。

後日、トヨタ系列の部品メーカーの皆さんの前で講演をしました。日本にいたら飯が食えなくなるという危機感から日産系列としておっかなびっくり米国に工場をつくった体験談を交え、海外進出はリスクもあるが大きな成長性があるとお話ししました。そして2001年、念願のトヨタとの取引が始まったのです。

当社における日産以外の売上比率は、当社が日産系列だった1993年度は約1割。しかし系列離脱から約20年を経た昨年度は、3割強に増加しています。

急成長の中国へ進出

2002年、当社は中国進出プロジェクトを立ち上げました。当時中国は自動車業界における最後の巨大市場と予測されており、すでに本田技研工業やトヨタ自動車が現地での生産を行っていました。当社の主要取引先である日産自動車も、近々中国に進出することはほぼ確実でした。

1999年発表の「日産リバイバルプラン」の要請で部品納入価格の低減に取り組んで

いるさなかでしたが、中国進出は先延ばしにできないと判断。２００２年9月、第1回現地調査を実施しました。

以後何度も調査を行い、広東省広州市に生産拠点を設けることを決定しました。米国、メキシコ、タイに続く4カ国目の海外進出です。

03年、早速私はチームをつくり、広州市に候補地を探しに行きました。当初考えていた工業団地は空きがないと言われ、同市内の別の工業団地予定地に案内されました。ちょっとしたジャングルのようなところで、大きな池があり、野生の水鳥が泳いでいました。「本当にここが工業団地になるのか」と聞くと、「大丈夫、1年もあれば十分だよ」。1年後、立派な工業団地ができました。あの大きな池は跡形もありません。中国の底力を実感しました。

同年、当社、中国の宝鋼国際経済貿易有限公司（宝鋼）、三井物産の3社合弁で「广州萬宝井汽車部件有限公司（ＹＢＭ）」を設立しました。萬、宝、井は3社の名から1文字ずつとりました。宝は中国語でバオと発音するので、略称はＹＢＭです。

宝鋼とは実はひと悶着ありました。宝鋼は大手鉄鋼メーカーも傘下に置く宝鋼集団の投資部門だったので、プライドがあったのでしょう、自分たちが一番多く出資したいと主張

中国進出の候補地を視察（左から３人目）。この一帯が１年後には工業団地になった＝2003年、中国・広州市

したのです。しかし生産を行うのはヨロズですから、当社が一番多く51％を出資することで、納得してもらいました。

次は社名を決める際、宝鋼の名を一番前にしたい、つまりＢＹＭにしたいと言い出しました。とんでもない、当然ＹＢＭであるべきだと当社は主張。さんざん議論しましたが決着がつかず、私は途中で日本に帰ってしまいました。後任者には「ＹＢＭでないと絶対ダメだ。もし宝鋼が折れないなら、この合弁事業をやめる。合弁相手は他を探す」と厳命しました。本気でした。最終的には宝鋼は納得してくれ、ＹＢＭに決定しました。

05年、操業開始。主力納入先は03年に設立された、日産の中国における合弁会社です。目をみはるような中国の経済成長を背景にＹＢＭは08年には当社の一大生産拠点に急成長し、当社は10年、湖北省武漢市に二つ目の生産拠点を設立しました。同市は中国における自動車産業の一大拠点です。

後年、同市は世界で最初に新型コロナウイルス感染症が発生し、20年初めには都市封鎖が実施されました。市内の生産活動はストップし、当社の工場も稼働できない状態が続きました。しかし当社は武漢と広州の２カ所に拠点を持っていたことで、この窮地を脱することができました。これについては後の項で詳述します。

自社株を買い戻した

２００３年秋、米国から突然の訪問者があり「一緒に事業をやりましょう」と言われました。

「何の話ですか」

「タワーオートモーティブ社が、保有するヨロズ株式を全部売却したいと言っていますよね？」

寝耳に水でした。

前述したように、この3年前の00年、日産が保有する当社株式（全発行株式の31％）を手放すことになり、その買取先を探せと言われて当社が選んだのがタワー社でした。当社の当時の筆頭株主です。

タワー社の経営が芳しくないのは知っていたので、売却の意向を持っていることはある意味理解できました。しかし同社との契約では、もし当社株式を売却する場合は当社に第1優先権があることを取り決めていました。

直ちにタワー社に「売りたいなら、なぜ当社に真っ先に言わないのか」と抗議すると、「ヨロズは購入できるほどの現金を持っていないから言わなかったのだ」。彼らは毎月当社の取締役会に出席していますから、当社の財政状態を分かっているのです。私が「銀行に借りて現金を用意する」と言うと、「無理だ。われわれはヨロズ株式を日本の銀行に持っていき融資を申し込んだが、断られた」と言うのです。

その銀行は、当社創業以来のメインバンクでした。私から融資を頼むと即座に了承されたので、タワー社は「日本の商習慣はおかしい」と憤慨しましたが、これには背景があります。

以前この銀行が資本増強のため、当社に増資を引き受けてほしいと求めてきたことがありました。長年お世話になっているメインバンクなのでぜひ協力したいと思って取締役会で提案すると、タワー社が反対しました。相手が倒産したら困るというのです。「私が責任を取る。その場合退職金も要らない」と言いましたが、それでも反対するので、やむなく採決を行い、賛成多数で可決しました。タワー社の株式保有分は31％なので、取締役の人数も全体の3割。多数決では彼らは勝てないのです。

「あのとき協力したから、今回融資してもらえるんだよ。日本では信頼関係を築くことが大事なんだ」と説明しました。彼らは納得できないようでしたが…。

その後タワー社が正式に、同社保有のヨロズ株式を買い取るかどうか意向を尋ねてきました。当社は、ステークホルダー（利害関係者）への責任と「ヨロズ」の社名で生き残るため、自己株として全て購入することを決断しました。

自己株を購入するには厳しい制約があります。株主総会での定款の変更、取締役会での決議が必要です。また当事者間での売買は許されず、市場を通じた取引で購入しなければなりません。しかし市場に出すと、第三者に購入されるリスクがあります。そこで情報を徹底的に管理し、綿密な日割りスケジュールを立てました。

04年1月9日、日本経済新聞紙上で基準日公告。同年3月10日に臨時株主総会、臨時取締役会を開き、即時、東京証券取引所に開示しました。翌11日の朝一番に買い付け、無事買い戻しに成功しました。

タワー社との資本関係は解消され、当社は完全な独立系となりました。

日本自動車部品工業会の視察で訪れた中国で＝2002年

父の他界

２００６年９月の深夜、出張先の米国・デトロイトに、日本にいる妻の多恵子から電話がありました。

「こっちは夜中だよ。どうしたの」

「おじいさんが亡くなったの！」

「どこのおじいさん？」

「うちのおじいさんよ！」

父で創業者の志藤六郎が急逝した知らせでした。

妻からの電話に「どこのおじいさん？」と的外れな問い掛けをしたくらい、父の死はまったく思いもよらないことでした。

10日ほど前電話で話したばかりでした。米国出張に行ってくると伝えると、「気をつけてな。最近会社はどうだ」。普段と変わらない調子でした。亡くなる当日まで元気だったそうです。近所に１人で買い物に行き、帰宅後、喉に何か詰まらせて亡くなったと聞きました。90歳でした。

自らを「つくり屋」と称し、ものづくりが大好きな技術屋だった父は、徹底した現場主

父で創業者の志藤六郎の社葬で喪主あいさつを行う（中央）＝2006年、横浜市鶴見区の総持寺

義者でした。１９９２年に当社会長を勇退するまで「現場で、現物を見て、現実的に考える」三現主義を実行していました。「顧客第一」も終生一貫していました。２００６年、当社が米国のゼネラル・モーターズを提訴したことがありました。契約を一方的に反故にされたからです。新聞で報道され、インターネットでは「日本の子犬が巨人にかみついた」と書かれました。経済産業省には国際問題に発展しないか心配されました。

そんな中開かれた、同年の株主総会でのことです。株主の一人としてやって来た父は、質疑応答の時間に入ると真っ先に手を挙げて、「お客さまを訴えるなんてとんでもない。一体どういうことなんだ！」

顧客第一主義の父には許せなかったのでしょう。議長の私は、「もちろんお客さまは大事です。しかしお客さまであっても、契約違反には抗議するのが正しい経営の在り方だと思っています」と説明しましたが、理解してくれたかどうか分かりません。ちなみに訴訟の件は、同年11月に和解しました。

父が工場で真っ黒になって働く姿を見て育ち、当社に入社後二十数年間父の下で仕事をしてきた私にとって、父の急逝は大変大きな出来事でした。

社長を交代し、会長に就任

父六郎の死去から2年後の２００８年6月、第3代社長を退任し会長に就任しました。第4代社長は佐藤和己です。彼は設計畑の優秀な技術職で、米国のカルソニック・ヨロズ・コーポレーションの設立当時、外国人ばかりの中で開発をものすごく頑張っていました。彼の力なくして、米国のＧＭサターン社から受注は獲得できませんでした。その後はヨロズアメリカの社長を務め、数々の困難を高い見識で乗り切りました。私は彼に絶対の信頼を置いており、バトンを渡す人は他にいないと随分前から決めていました。

ヨロズオートモーティバ ド ブラジル（ＹＡＢ）の社員たち

私はといえば１９９８年の社長就任の翌年に日産リバイバルプランが発表され、以後系列離脱、値下げ要請、経営改革…と立て続けに目の前に現れる難題に対し、責任を一身に背負う覚悟で無我夢中で取り組んできました。こうした激動の日々にかなり疲れていました。そして、在任10年を機に退任しようと決心したのです。在任10年にあたる08年は、当社の創立60周年の年でもありました。

米国勤務の佐藤に伝えたのは08年１月。「えっ、私が？」と心底驚いた様子でしたが、「君ならできる」と激励しました。

同年６月の株主総会で承認され、私は会長兼ＣＥＯ（最高経営責任者）に就任。以後、業務計画等は社長に任せ、経営の重要問題には社長と力を合わせて取り組んでいます。

ヨロズエンジニアリングシステムタイランド（ＹＥＳＴ）（上）、ヨロズタイランド（ＹＴＣ）（下）の社員たち

ヨロズＪＢＭオートモーティブタミルナドゥ（ＹＪＡＴ）の社員たち（上下とも）

第四章　グローバリズムと多様性

リーマンを機に改革

２００８年９月、米国のリーマン・ブラザーズが破綻し、それを契機に世界的な同時不況が起きました。リーマン・ショックです。私は当初、米国の住宅ローンの話だと人ごとのように考えていましたが、円高が急進し、日本の自動車メーカーが大打撃を受け、あれよあれよという間に当社の売り上げも半減。09年度は７億円の赤字が予測されるに至り、ことの深刻さに青ざめました。

「入る」が激減した以上、「出る」を減らすしかありません。すぐさま緊急収益改善活動に取り組みました。その際最も重視したのは「社員を路頭に迷わせない」です。

まず、北米に三つあった子会社のうち二つを整理しました。一つはヨロズオートモーティブミシシッピ（ＹＡＭ）です。大型車の部品が主力でしたが、08年の生産量は当初計画の７割減に落ち込んでいました。需要回復は見込めないと判断し、同年12月に閉鎖しました。もう一つは、ミシガン州にあったヨロズオートモーティブノースアメリカ（ＹＡＮＡ）です。売り上げの８割を同州に本拠地を置くゼネラル・モーターズが占めていましたが、同社が09年６月に経営破綻したため、生産量は前年比７割減。12月に閉鎖しました。

ＹＡＭとＹＡＮＡでの生産は、02年にＣＹＣから社名変更したヨロズオートモーティブテネシー（ＹＡＴ）に集約しました。両社合わせて約７００人を解雇せざるを得ませんでしたが、極力再就職先を当社で探す努力をしました。

次に、工場の生産体制の効率化です。中国など一部を除く国内外の全拠点で、昼夜2直稼働から昼間のみの1直稼働に変更しました。02年のヨロズサバイバルプランにより昼間のみの稼働に変えたのですが、その後昼夜稼働に戻していました。それを再び昼間だけにしたのです。工場の稼働コストがほぼ半減します。

機械の関係等で昼間1直にできない場合は、午前6時から午後3時、午後3時から午後8時といった時間帯での交代制にしました。これなら深夜手当を出さずに済みます。ただ、早朝は午前5時には家を出なければならず、家族、特に子どもを持つ社員にかなり負担をかけました。

やがて生産量がさらに減ったので、国内の全生産拠点で休業日を設けました。社員には90%の賃金補償をし、国の雇用調整助成金を申請。20年のコロナ禍による休業で行ったのと同じことを、リーマンですでに行っていたわけです。

テレビ会議などの活用による出張の削減、事務用品の発注停止、カラーコピーの禁止など細かい経費削減も徹底しました。期間限定で、役員・管理職の報酬・給与もカットしま

ヨロズメヒカーナの株主総会に出席後、同社社員らと共に（前列左から４人目）＝2008年、メキシコ

した。

　こうしたコスト削減策の一方、非常時だからこそ通常はできない改革を断行しました。一つは教育改革です。60歳の定年を迎え嘱託社員となった高年齢社員に、後輩たちのコーチ役として技術や技能を伝承してもらうことにしました。

　もう一つは、横浜本社の開発生産技術および関連部門をヨロズ栃木に移転することでした。ところが、当事者のほぼ全員が反対する大変な事態に陥ります。

反対を押し切り、栃木へ移転

当社の横浜本社にはもともと量産工場がありましたが、時代とともに大部分の機能が他に移転し、ものづくりに関しては開発機能だけが残っていました。といっても開発には実験や試作が必要です。大きな音や振動が生じ、近隣住民の皆さんに影響を及ぼしていました。技術棟の老朽化も進んでいました。何より生産現場と離れているため非効率でした。

そこで開発機能を量産工場に移転することで、開発から生産までを一体化し、開発力を一層高めようと考えました。移転先はさまざまな要因を勘案し、ヨロズ栃木に決めました。当時横浜本社に勤務していた約４００人のうち、約２７０人が栃木移転の対象者でした。横浜に残るのは人事や経理、営業など一般管理部門だけです。

ところが移転対象組が「移りたくない」と猛烈に抵抗をしました。移りますと言ったのは、栃木県に実家がある１人だけです。開発関係の役員も移転対象だったので、彼らに課員を説得するよう命じましたが動きません。役員たちも横浜を離れたくないからです。

労働組合と団体交渉を行いました。組合委員長が、

「栃木に異動させたら、全員が会社を辞めますよ」

と言いましたが、

ダイハツ工業のダイハツ協力会定期総会で、同社の箕浦輝幸社長（当時、手前左）から品質改善賞をいただく（手前右）＝2006年、大阪市

「いいさ。全員が辞めてもいいから栃木に移るんだ」

と、譲りませんでした。

横浜に開発機能があるのは効率が悪い、この状態を続けたら全員が辞める前に会社がつぶれてしまう。そう強く思っていたからです。私は宣言しました。

「トップの命令だ。行きたくなくても行くんだ」

ヨロズの歴史に残る大改革でした。

結局、数人が辞めたほかは、ほぼ全員が栃木に移りました。私は自分をワンマン経営者だとは思いませんが、このときばかりは、あれだけの反対をよく押し切ったものだと思います。

移転は10年5月と11年1月の2回に分けて実施しました。その際、技術棟の機器や什器は、異動する社員たちに自分たちで運送会社のトラックに運ぶよう厳命しました。栃木では工場2階に空いていた事務所スペースに入ることになっていましたが、そこに取り付けられていた配線などを外す作業も自分たちで行うよう指示しました。業者に丸投げするのは経費がかかるし、社員自らが苦労しないと成長しないと思ったからです。

やがて事務所スペースが手狭になったので14年、ヨロズ栃木内にYOROZUグローバルテクニカルセンターを設立。開発生産技術部門を全面移転しました。開発から生産まで1カ所で行うようになり、効率は3割程度向上しました。

栃木移転の完了後、横浜本社の老朽化した技術棟を取り壊しました。おかげでその直後の東日本大震災で、横浜本社の被害はほとんどありませんでした。

備えが生きた大震災

２０１１年3月11日は金曜日でした。翌日に取引先と伊豆でゴルフの予定があり、前泊のため新幹線で熱海駅のホームに下りたときでした。ガシャガシャガシャ！　大きな音がしました。飲料の自動販売機が揺れています。誰がこんないたずらをやっているんだ？

と思ったとき、自分も揺れていることに気づきました。駅の外を見るとビルが大きく揺れています。

とりあえず宿泊予定の旅館まで行こうと思いました。JRの在来線が動いていないのでタクシーでたどり着き、テレビで東北地方の甚大な被害を知りました。会社や自宅に連絡をとろうとしましたが、携帯電話がつながりません。公衆電話ならつながるらしいと聞き、千円札を10円玉に両替してもらって旅館の外へ飛び出しました。しかし、いくら探しても公衆電話が見つかりません。

そんなとき、携帯電話に韓国から着信がありました。「技術援助で〝兄弟〟に」の項で触れたDKオーステックのキム・クァンホン社長が、日本の大地震を心配して電話をかけてきてくれたのです。そこで彼に「すまないが、横浜のヨロズに電話をして様子を確認してくれないか」と頼みました。海外からなら電話が通じるらしいと分かったからです。ややあって、会社や工場は無事だよとキム社長から電話がありました。

翌朝一番の新幹線で横浜に戻りました。当社グループで被害を受けたのは、ヨロズ栃木だけでした。変電設備が破損するなどして生産が一時できなくなりましたが、幸い社員に大きなけがはありませんでした。

これは、自動車部品メーカー大手であるリケンの小泉年永会長（当時）のおかげです。というのは、この4年前の新潟県中越沖地震（07年7月）の際、同県柏崎市の同社工場が被災。部品が供給できなくなったため、自動車メーカー12社が操業を一部または全部停止したことがありました。小泉会長は07年当時社長で、私の友人でもあったので「被災した工場を実際に見ておくといいよ」と声を掛けてくれました。私が行ったときはすでに復旧していましたが、現場で当時の状況を直接聞いたことで「当社も対策をとらねば」と強烈な危機感を抱きました。

当社では、溶接ロボットの上に電源設備を一つずつ搭載しています。そこでこの電源設備が落下するのを防ぐため、天井の梁と電源設備とを鉄製ワイヤでくくり付けました。溶接ロボットは11年当時、国内全拠点で約2900台弱ありました。また、床に設置したさまざまな設備は、倒れないようアンカーボルトで固定しました。国内の全拠点で同じ対策を実施したおかげで、当社の被害は最小限で済んだのです。

さて、当社が部品を仕入れている部品メーカーの状況を確認すると、被災したメーカーが5社ありました。1社は1週間で復帰。4社は別の工場での生産に一時的に切り替えてくれたので、4月22日には全部品の仕入れが可能になりました。またヨロズ栃木は、破損

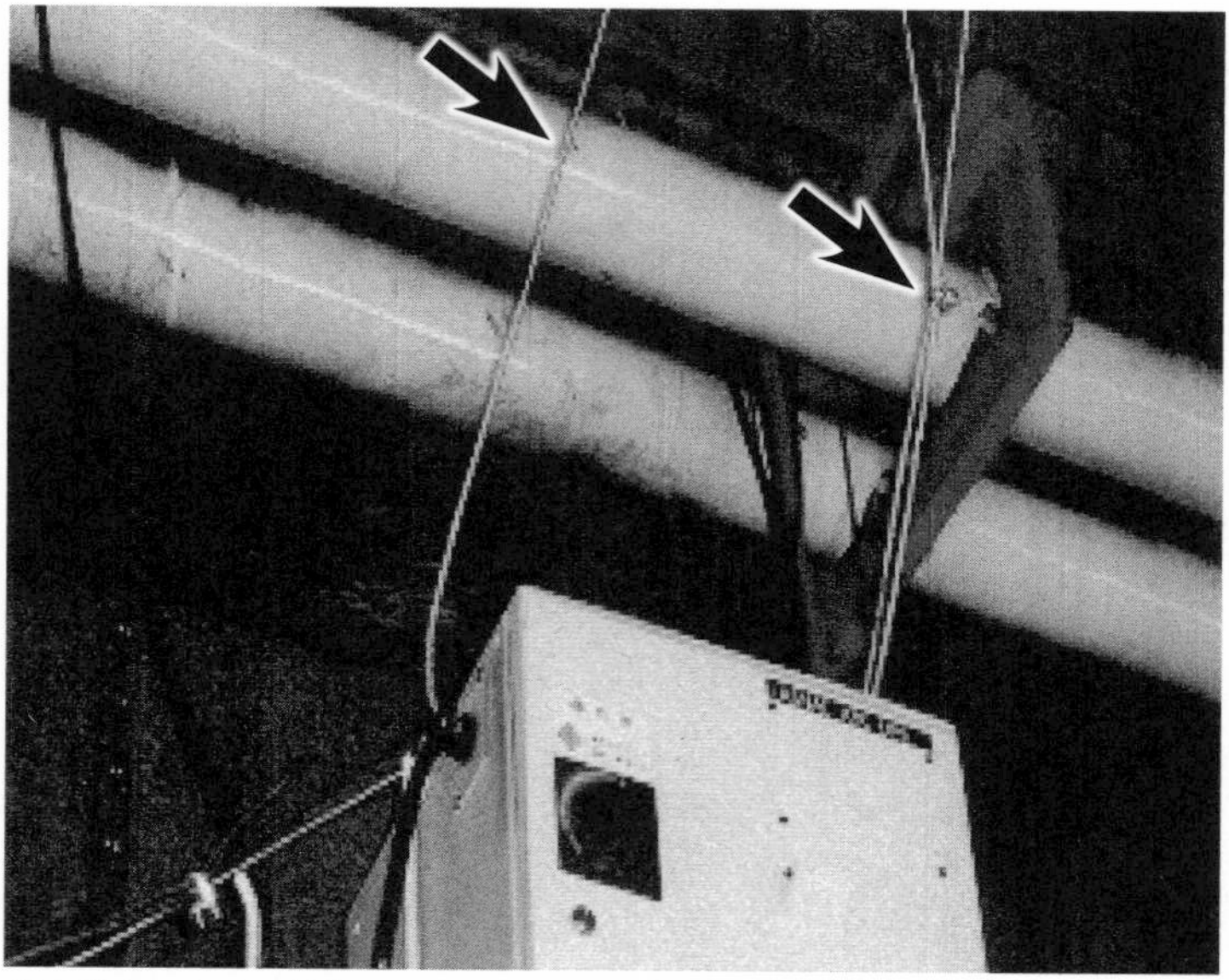

落下防止のため、鉄製ワイヤ(矢印部分)で天井の梁につながれた電源設備。国内の全工場で同じ策をとっている

した変電設備の替えの設備を製造元に直接取りに行くなどして、1週間で生産を再開。顧客への納入に支障は出ませんでした。

電力については、福島第1原子力発電所のメルトダウンを含む最悪レベルの事故や送電設備等の被災により、震災後の数日間、東京電力（東電）が管内を区分けして電力供給を制限しました。ヨロズ栃木では約3時間ごとに電気が止まりました。

その後も東電の要請により、7月から9月の3カ月間、土・

日曜を出勤、木・金曜を休業として電力供給不足に対応しました。平日休業は自動車業界全体で協議し、休業日を各社ずらすなどして取り組みました。社員みんなの協力なくてはできないことでした。

この大震災を機に、災害など緊急事態に直面した際のＢＣＰ（事業継続計画）を見直し、取り組みを強化しました。今年の新型コロナ禍における対応にも生かすことができました。最後に、東日本大震災で犠牲となられた多くの方々のご冥福を心からお祈りします。

中国・武漢に新工場

リーマン・ショック後当社は全社を挙げて収益改善活動を行い、２００９年と10年で営業利益は持ち直しました。世界の自動車生産台数も再び増加して、新興国、特にＢＲＩＣｓ（ブリックス）と呼ばれるブラジル、ロシア、インド、中国での需要増加が期待を集めました。

中でも中国の自動車産業は急成長していました。当社は03年、同国広東省の広州市に广州萬宝井汽車部件有限公司（ＹＢＭ）を３社合弁で設立しましたが、日産自動車の要請もあって、二つ目の拠点をつくろうと計画。場所は、日産の生産拠点がある湖北省で事前調査を重ね、同省の省都である武漢市に決定しました。

中国は広州市など沿岸部で早くから経済が発展しましたが、内陸部は開発が遅れていました。同国政府は沿岸部との格差を縮めようと、内陸部のインフラ投資を進めていました。武漢市は内陸部における代表的な工業都市で、中国における自動車産業の拠点の一つです。完成車や部品の各国メーカーが進出しており、日本からは本田技研工業（ホンダ）が複数の生産拠点をすでに設けていました。

10年、当社、宝鋼金属有限公司、三井物産の３社合弁で武漢萬宝井汽車部件有限公司を設立しました。頭文字が広州の拠点と同じＹＢＭなので、武漢（ウーハン）のほうはＷ－ＹＢＭ、広州（グアンジョウ）はＧ－ＹＢＭと略称を改めました。

そしてＧ－ＹＢＭで生産する部品のうち、２車種21部品の生産を武漢のＷ－ＹＢＭに移管することにしました。エクストレイルとキャシュカイという車で、日産の中国での合弁会社が生産する乗用車です。

武漢では、11年11月の生産開始を目指し急ピッチで工場を建設。並行し、社員約１００人を現地採用して広州の工場に派遣し、21部品の生産を実習してもらいました。指導するのは広州の中国人社員です。私が「社員を事前に採用し、先行実習してもらおう」と提案しました。武漢が開所したら直ちにフル操業できるようにするためです。

Ｗ－ＹＢＭ工場予定地付近を視察（左端）＝2010年、中国・武漢市

Ｗ－ＹＢＭの３社合弁契約調印式で。握手しているのは（左から）三井物産の宇都宮悟自動車鋼材事業部長（当時）、私、宝鋼金属の管曙栄（カン・ショエイ）副総経理（当時）＝2010年４月、中国・武漢市

広州の工場では9月中に、2車種21部品を10月分の納品分までつくっておきました。そして10月1日、国慶節の休暇に入るとすぐ、2車種21部品、約1万2千台分の生産設備を解体して武漢に運び、竣工したばかりの新工場に搬入しました。別途、1500トンのプレス機1台、1000トン未満のプレス機11台、塗装装置一式を新規購入。10月末までにこれら全てを新工場に設置し、予定通り11月から生産を開始しました。社員は広州で習熟訓練を受けてきたので、当初の計画を上回り、21部品をそれぞれ1日600台ずつ生産することができました。

W－YBMではその後、ホンダの中国における合弁会社とも取引を開始し、同社の武漢工場に部品を納入するようにもなりました。

その後、日産の中国における合弁会社のティアナ、NV200という2車種の38部品の生産を、やはり広州から移管することになり、12年2月の春節休暇を利用してかなりの数の量産設備を解体、運搬、設置。予定通り同年3月から生産を開始しました。

日産の拡大路線の下

2011年6月、日産自動車は中期経営計画「日産パワー88（エイティエイト）」を発表しました。16年度末までの6年弱で、世界市場の占有率を10年度の5・8%から8%に、売上高営業利益率を同6・1%から8%にするという拡大計画です。8%はかなり高い目標で、この数値から計画を「パワー88」と名付けたそうです。

同計画では世界市場占有率8%のうち65%は新興市場、すなわち中国、ブラジル、ロシア、インドといった新興国において拡大する想定で、われわれ部品メーカーはこうした国々への進出を強く要請されました。

上記の4国は当時BRICs（ブリックス）と呼ばれ、著しい経済成長で注目されていました。パワー88発表の前年である10年、当社は中国に二つ目となる生産拠点を武漢に設立しましたが、これも日産の要請によるものでした。他の3国についてはブラジルとインドには進出しましたが、ロシアは事前調査を重ねた結果、契約した建設用地をキャンセルし進出を取りやめました。この判断は正しかったと思っています。

またインドネシアにも新たに進出し、メキシコとタイに二つ目の拠点を設立。タイ以外は、BRICsに次ぎ経済発展が見込まれた新興の「NEXT11（ネクストイレブン）」の国々です。

11年11月の武漢拠点稼働から14年7月のブラジル拠点稼働まで、2年8カ月で6拠点を立ち上げました。従来は3～4年で海外1拠点の設立でしたから、格段のスピードアップです。2期連続赤字を脱すべく取り組んだ経営改革で標準化を徹底した成果です。工場のレイアウトは世界中全て一緒で、同じ図面1枚で建設できるから速いのです。こうしてパワー88の下、海外進出を重ねました。

リスクを考えなかったわけではありません。しかし当時、世界の自動車生産台数は増え続けていました。09年の約6179万台が、10年には約7761万台になり、パワー88が発表された11年は約8005万台でした。ほどなく1億台に達すると業界の誰もが思っていました。私も疑いませんでした。パワー88は、世界の生産台数が右肩上がりであることを大前提として計画されていました。

それに、リスクがあるからと進出しなければ、競合会社に取って代わられる恐れがあります。雇用を守るためにも、多少のリスクは覚悟して得意先の要請に応じなければなりません。雇用を守ることは企業経営の大前提です。

パワー88では北米も事業拡大の対象だったので、当社は15年10月に米国アラバマ州に進出し、ヨロズオートモーティブアラバマを設立しました。パワー88の拡大路線は危ないのではないか、と思い始めたのはこの頃です。販売台数は伸びず、市場占有率も売上高営業利益率も目標に届きません。

ヨロズオートモーティブインドネシア（ＹＡＩ）開所式のセレモニーで、先頭工程機械の起動ボタンを押す（手前）。この機械の稼働を合図に、工場内の機械が一斉に生産を開始した。後ろは佐藤和己社長（当時・右）と、ニッサンモーターインドネシアの大杉泰夫副社長（当時・左）＝2014年

結局17年3月、日産の中期経営計画パワー88は目標未達成のまま計画期間を終えました。

世界の自動車生産台数は12年に約８４２４万台、15年に約９０９５万台、16年に約９５０６万台と順調に右肩上がりが続いていたのに、日産の販売台数は計画通りには伸びなかったのです。

ちなみに、世界の自動車生産台数は18年に約９６８７万台に達します。１億台が目前でした。しかし、18年をピークに減少していくことになります。

この野心的な拡大路線により日産は後に巨額の赤字を抱えますが、縮小路線に明確に方向転換したのは３年

後の20年でした。日産と歩調を合わせ海外進出を重ねた当社も、20年3月期連結決算は1
29億円という大型赤字に陥りました。

下請け取引適正化へ

日本自動車部品工業会（部工会）は、自動車部品の開発や製造に携わる企業を会員とする業界団体で、当社も会員になっています。

2007年5月、経済産業省により「自動車取引適正化研究会」が設立され、私は同研究会委員としてこの部工会から参加することになりました。

同研究会の設立は政府の「成長力底上げ戦略」の一環でした。同戦略は人材能力、就労機会、中小企業について底上げを図る構想で、このうち中小企業の底上げには下請け取引の適正化が不可欠であるとし、主要業種ごとに研究会を設けて適正化推進のためのガイドラインを策定することにしたのです。自動車産業で設置されたのが同研究会でした。委員は業界関係者や学識経験者など計四十数人でした。

自動車産業は自動車メーカーを頂点としたピラミッド型の分業構造です。自動車メーカーと部品メーカー、あるいは部品メーカー同士は長期にわたり取引を継続しています。

部品メーカーは1次下請け、2次下請け、3次下請け…と多重下請け構造になっています。自動車メーカーと1次下請け部品メーカー、部品メーカーの1次下請けと2次下請けなどは、それぞれ共同で部品開発やコスト削減の工夫をするなどしています。これは日本の自動車産業が長年培ってきた慣行です。

このように業者同士が目標や成果を共有していることを、経産省は「協調的投資促進型調達慣行」と名付け、推奨すべきものと考えました。

しかし下請けの部品メーカーは、上の階層の会社に対し弱い立場にあります。ですから例えば、生産が終了した製品の部品の金型を、修理や交換に備えて長期間保管させられるのは費用がかかるので嫌ですが、断りにくいのが現状です。

また、手形で代金が支払われると現金化まで期間がかかって資金繰りが厳しいのですが、「現金で払ってほしい」と強く言えません。下の階層ほどしわ寄せが行きます。2次下請け以下の多くは中小企業です。

1次下請けである当社は、生産終了した部品の金型の保管を自動車メーカーから長年多数要請される一方、2次下請けに代金を手形で支払っていました。

下請代金支払遅延等防止法や独占禁止法により規制されてはいるものの、現実は下請け

部工会会長交代の記者会見で（中央）。２年の任期を終え、岡野教忠氏（現 リケン名誉会長・左）へ引き継ぎを行った＝2018年、東京都内のホテル

業者にとって不適正な取引が慣行となっていました。こうした不公正な状況を改めることで「協調的投資促進型調達慣行」が円滑に促進され、日本の自動車産業の競争力強化につながると経産省は考えたのです。

同省は自動車メーカー14社へのヒアリングと、自動車部品メーカーおよび素形材メーカー等約３５０社へのアンケートを実施。研究会はその結果を踏まえて2回の審議を行いました。

これらの調査や審議に基づき07年6月、同省は「自動車産業適正取引ガイドライン」を策定しました。研究会の本当のスタートはここからでした。

同年12月、再びメーカーに対し同様の調査が実施され、08年3月の第3回研究会ではガイドラインの活用状況、問題行為や事業者の取り組み状況などが報告され、議論されました。それをもとに、同年12月にガイドラインを改訂。20年までに7回の改訂が行われています。以後も研究会は回を重ね、同時に中小企業庁により「下請かけこみ寺」が各都道府県に設置されました。

16年、私は部工会の会長に就任したため、研究会の委員を辞任しました。その後は部工会会長として、経産省の「世耕《せこう》プラン」の下、取引適正化に向け深く関わることになります。

世耕プランを業界で

２０１６年9月、世耕弘成《せこうひろしげ》経済産業大臣（当時）が「未来志向型の取引慣行に向けて」という政策、いわゆる「世耕プラン」を発表しました。目的は、下請け取引適正化の一層の推進です。

私は同年に日本自動車部品工業会（部工会）会長に就任しており、プラン発表直前に世耕大臣から「部工会としてしっかり取り組んでほしい」と要請を受けました。前項で述べた通り、部工会は、経済産業省によって設置された自動車取引適正化研究会に参加し、年以降下請け取引の適正化のためのガイドライン策定や改訂に関わってきました。

16年10月、部工会は同大臣との懇談会を設け、業界における取引適正化の取り組みや、下請けである中小企業の動向などを率直に伝えました。以後18年までの同会会長時代、業界の取引適正化について私は同大臣と2回、直接意見交換を行っています。

世耕プランは解決すべき三つの課題を掲げており、自動車部品業界にあてはめると、一方的な原価低減要請、不適正な金型管理、手形等による支払いでした。よって部工会もこの三つに重点を置き、上記ガイドラインの順守を求めました。

部工会会員の中小企業の中にはガイドラインの内容をよく知らなかったり、知っていても守らなかったり、人員不足で順守に手が回らなかったりという会社もありました。私は説明会を開いたり、各社を訪問したりして「ぜひ守ってください」と普及に努めました。

それとともに、年1回会員企業にアンケートをとり実態を調査しました。浸透度を確認し、問題点をすくいあげて経産省に情報提供。ガイドラインに反映してもらい、翌年それを実施します。このＰＤＣＡ（計画・実行・評価・改善）サイクルをぐるぐる回し、適正化の徹底を図りました。

17年からは中小企業庁により、「下請Ｇメン」こと取引調査員が中小企業を訪問調査する制度も始まりました。

同じく17年、部工会は世耕プランを受ける形で「適正取引の推進と生産性・付加価値向上に向けた自主行動計画」を策定しました。同計画では例えば金型の管理について、旧型の補給部品の扱いや金型の廃棄、保管費用などに関する具体的な実施事項を明記しています。また手形でなく現金による支払いも明記しており、それを受け当社は下請け取引先への支払いの現金比率を段階的に高め、最終的に全て現金払いとしました。

主要業種の中でも自動車業界はかなり積極的に取引適正化に取り組んでおり、現在も継続中です。

話が前後しますが、自動車取引適正化研究会の委員だった13年、旭日小綬章を受章しました。部工会の役員として業界振興に微力ながら寄与したことが理由の一つでした。部品業界の発展のため一層努力せねばと気持ちを新たにしました。

同年、日翔会の会長に就任しました。日産自動車の取引先を中心に約２００社（当時。21年現在は２２２社）で構成される団体です。日産と共同で技術研鑽を行ったり、約30社ずつの7委員会で技術研鑽や勉強会、懇親などを行ったりしています。かつては当社の規模

春の勲章伝達式で（前列左から５人目）＝2013年、東京都内のホテル

が小さく私も若かったので、日翔会で発言してもまるで相手にされませんでした。その私が会長になるなんて想像もしませんでしたが、21年7月まで4期（8年間）を務めました。同会会長の最長記録だそうです。

ダイムラー社から初受注

２０１３年6月、「ダイムラーが日産と共同出資でメキシコに製造会社を設立するらしい」との情報が、当社のメキシコ拠点であるヨロズメヒカーナ（ＹＭＥＸ）に入りました。ダイムラーは高級車「ベンツ」でも知られる、ドイツの世界的自動車メーカーです。

翌7月、ダイムラーが部品メーカー対象

の説明会を開き、ＹＭＥＸも含め数百社が参加しました。新設の製造会社では新型車を生産するとの話で、説明会終了後ＹＭＥＸの担当者はダイムラーの購買役員と個別に面談。当社に興味を持ってもらえたとの報告がありました。

早速当社の営業担当が欧州出張の折にドイツのダイムラー社を訪ねたところ、先方から「現行車の部品を支給するので、ヨロズならどのくらいの価格で製造できるか教えてほしい」と求められました。当社のレベルを調査するためです。

8月、リアクレードルという部品が日本に送られてきました。当社の開発・生産技術部はプレスや溶接、表面処理などの面からこの部品を詳細に分析し、数カ月かけて工程と価格を算出しました。しかし工程設定が不十分だと差し戻されました。そこでダイムラーの開発担当者に何度もヒアリングを行い、見積もりを再提出しました。

翌14年2月、正式に見積もり依頼をいただきました。対象はリアクレードルをはじめ10部品以上、生産場所はメキシコと中国です。全社を挙げて見積もりを作成し、数社に絞り込まれた候補の中に残りました。

次に、開発プロセスや品質管理体制などについて、ドイツ自動車工業会の監査システムに基づく監査を受けました。ＹＭＥＸは合格しましたが、中国での生産を担当する武漢萬

ダイムラー社によるＷ－ＹＢＭの工場視察の様子＝2017年、中国・武漢市

宝井（Ｗ－ＹＢＭ）は不合格でした。対象部品に採用される技術が実際に使われていないこと、欧米の企業と取引経験がないことが大きな理由でした。

しかしダイムラー側は、２カ月後にヨロズ栃木で再監査を行うことを提案してくれました。ヨロズ栃木は、Ｗ－ＹＢＭを技術面などで支えるマザー工場だからです。佐藤和己社長（当時）の陣頭指揮の下、各部門が非常に頑張り、合格しました。Ｗ－ＹＢＭの監査で明らかになった問題点の解決策を示したこと、何より「本ビジネスに対する高いモチベーション」が評価されました。

最後は、世界的な部品メーカー各社と

の価格競争です。何度も見積書を出し、月に1度は当社の担当者がダイムラーの購買担当者と顔を合わせて打ち合わせを行いました。2社が残り、購買担当役員では結論が出ず、最終的には同社のツェッチェCEO（当時）が判断したそうです。

15年5月、ヨロズに決定との連絡がありました。ダイムラーは自動車産業を生み出した歴史ある一流メーカーです。車の構造上重要な足回りの部品を、日系メーカーに発注するのは初めてだったそうです。「非常に期待している」というコメントもいただきました。

当社にとって歴史的快挙であり、世界レベルの部品メーカーと肩を並べる水準に近づいた！　と、感激もひとしおでした。

ダイムラーAクラス、同Bクラス（日本で販売されているメルセデス・ベンツブランドのAクラスセダン、GLBクラス、GLAクラスに相当）。これらの部品をヨロズはメキシコと中国で生産しています。

投資家村上氏の来社

投資家の村上世彰《よしあき》氏は、「物言う株主」として一世を風靡した人物です。彼の関与するC&Iホールディングスという会社を中心に、村上氏グループがヨロズ株式の約12%を所有し、筆頭株主になったのは２０１４年のことでした。一時期、村上氏の話題をマスコミなどで見掛けなかったものの、12年ごろから再び日本で活躍していたようです。

これまでに村上氏本人は当社を2度来訪しています。株主還元や設備投資など企業価値の向上の方法について、私は彼と率直に意見をぶつけ合いました。

村上氏らは、当社の利益の１００％を株主還元することや政策保有株の売却、自己株式の取得などを主張しました。それに対し、当社は利益の一部を開発費や設備投資に回す製造業としての考えを説明しました。しかしどこまでも平行線でした。

それまで私は、利害の対立する相手でも必ずどこかで折り合えると思っていましたが、そうでない場合があることを知りました。

ＴＯＢ（公開買い付け）が話題に出るところまで議論が白熱したこともあります。しかし、結局主張はかみ合わないままでした。そして当社の株価が上昇すると、彼らは所有する当社の全株式を売り抜けました。

ところでこうした一連の出来事と同じ頃、当社は配当性向（企業の利益のうち株主への配当金の割合）を35％へと引き上げましたが、これは彼らの要求とは全く関係なく、社内でかねて検討していたことでした。引き上げは15年のことです。

国内外全拠点から担当者が集まって開催するグローバル ヨロズプロダクションウェイ（改善事例発表および指導会）で想いを語る（右奥）＝2015年、栃木県小山市のＹＯＲＯＺＵグローバルテクニカルセンター

18年、村上氏グループは再び当社の株式を買い始め、21年3月時点で約12%を所有する筆頭株主です。

数ある企業の中でなぜ当社なのか。財務基盤が比較的堅実だからだと私は考えています。当社は代々堅実な経営により利益を蓄え、安定的な財政基盤を築き上げてきました。一般に、日本企業における内部留保の多さについては、海外を含む投資家から批判されることもあります。しかし当社の場合サスペンションという大物部品が主力であり、多額の設備投資と多くの雇用が事業の前提です。内部留保の充実は、投資リスクへの備えや雇用維持に不可欠なのです。新型コロナウイルス感染症拡大による

ブラジル拠点であるヨロズオートモーティバ　ド　ブラジル（ＹＡＢ）の開所式で（左から４人目）＝2015年、ブラジル

深刻な世界不況で生産や収益が大幅に減少しても、強固な財務基盤により、雇用を守りつつ難局を乗り切っています。

思い返せば１９９１年、株式店頭登録の際、社会の公器としての企業責任を強烈に感じました。95年の東証1部上場は、創業者の父六郎が大変喜びました。反面、株式を公開すれば誰も自由に取引できるわけですから、さまざまな考えの方が当社の株主となるのは当然です。

主張を曲げない村上氏の性格は、実は嫌いではありません。かの村上氏と意見をぶつけ合えたのは、経営者として貴重な経験です。今は互いに意見が異なりますが、いつの日か親しい友人になれるでしょう。

株主との対話は、上場企業に適用されるコーポレートガバナンス・コード（企業統治の指針）の基本原則の一つでもあります。今後も当社はその趣旨を踏まえ、株主の皆さんと真摯に対話を重ねていく所存です。

多様性があってこそ、普通

私が25歳で当社に入社し小山工場（現　ヨロズ栃木）に勤めたとき、同じ職場に口数の少ない年配の男性社員がいました。私にとっては近寄りがたい存在でしたが、1人だけいた女性社員は彼と自然にコミュニケーションをとっていました。会社には女性をはじめ多様な人がいたほうがいいんだな、と気付かされました。

そんな経験もあり、意識して女性を採用してきました。かつて当社は男性が圧倒的に多かったのですが、現在は人事や総務に限れば50％以上が女性です。開発部門や営業部門にも積極的に女性を採用しています。

２０１３年、女性社員をメンバーとする「女性会議」を立ち上げ、出産や夫の異動、介護などにかかわらず勤務を継続する方策を検討し始めました。特に夫の異動により退職するケースが多かったことから、15年、「配偶者の異動先に近い拠点で勤務できる制度」「配偶者の異動に伴い休職できる制度」「一度辞めても復職できる制度」を社内に新設しました。

こうした取り組みにより、当社は14年度、厚生労働省の「均等推進企業」部門において「都道府県労働局長優良賞」を受賞しました。地域において、女性の能力発揮を促進するために他の模範ともいうべき取り組みを推進している企業に贈られるものです。

女性会議は17年に男性や外国人などを加え、働き方改革委員会へと発展しました。

18年には、厚生労働省の「えるぼし認定」（「基準適合一般事業主」認定の公式愛称）を受けました。女性活躍推進のための取り組み状況が優良な企業を対象とするもので、3段階のうち最高段階の認定をいただきました。

21年4月現在、当社における女性管理職比率（課長級以上）は10・1％です。

ちなみに帝国データバンクによる20年の調査では、国内の企業において管理職（課長相当職以上）に占める女性の割合は平均7・8％でした。また、厚生労働省が20年5月に発表した「女性の職業生活における活躍の推進に関する法律に基づく認定制度に係る基準における『平均値』」では「産業ごとの管理職に占める女性労働者の割合の平均値」、つまり女性管理職の占める割合は、「製造業」のうち「輸送用機械器具製造業」においては2・2％となっています。

政府は「2020年までに指導的地位に女性が占める割合を少なくとも30％程度とする」という目標を03年に掲げています。当社は女性管理職比率を30年までに17．6％にすることを目標値に掲げており、今後も女性管理職比率を一層高めていきます。

当社では管理職に昇格する条件として、規定年数以上の海外勤務経験を挙げていますが、女性の場合はこの条件は必須にせず管理職への道を広げています。もちろん、海外勤務を希望する女性社員にはどんどん行ってもらっています。

15年、社外取締役2人を女性にしました。世の中と同じように会社も男女半々が当然ですし、人口が減少している日本の状況で男性だけというのは、なおさら不自然だからです。海外の機関投資家の中には日本企業に対し、取締役会に女性がいない会社の取締役選任議案に反対する、との基準を発表したところもあるそうです。多様性が企業を発展させるという考え方によるものでしょう。

当社は外国人も積極的に雇用しています。11年から、横浜の本社およびYOROZUグローバルテクニカルセンター（栃木県）では1部署に最低1人は外国人を採用するよう定めました。グローバル企業と称しながら国内、特に本社は日本人ばかりだったからです。「内なる国際化」を進める必要があると思いました。また、たとえ1人ずつでも外国人が

本社に勤務する外国籍社員や若手社員と共に（前列中央）＝2020年、横浜市港北区のヨロズ本社

各部門にいれば、外国人社員同士で相談や交流もしやすいだろうとも考えました。

21年現在本社に勤務する約500人のうち31人が外国人の男女です。中国、タイ、マレーシア、スリランカ、ベトナムといったアジアの国々のほか、アメリカやロシアからも来ています。日本に留学していた人もいれば、当社の海外拠点から転籍した人もいます。タイには本社のタイ人社員が毎年行って毎年2～3人を直接採用しています。

オフィスで外国人が働く光景を当初私は物珍しく思いましたが、やがて慣れました。海外企業はオフィスでも現場でも、多様な人種の人が普通に働いています。外国人を多く採用してよかったことは、外国人が働く光景が普通のものになったことです。日本人男性ばかりの会社には、違和感を持つようになりました。

障がい者の雇用も積極的に取り組んでいますがまだまだ少ないので、今後さらに積極的に採用したいと思っています。高齢社員の雇用延長については次項で詳述します。

当社では「ダイバーシティー管理職比率」という呼称を用い、女性、障がい者、外国人、60歳から65歳までの年齢層の管理職比率を30年までに30％にすることを目標としています。21年現在、ダイバーシティー管理職比率は18・0％です。個別に見ていくと、女性の管理職比率は前述のように10・1％、障がい者は0・0％、外国人は0・0％、60歳～65歳は7・9％です。

ダイバーシティー管理職の構成員に60歳から65歳までの年齢層を含めたのは、以下のような理由からです。当社は定年退職の年齢を60歳と定めており、60歳定年を迎えると1年ごとに契約更新を行う嘱託雇用（65歳まで）に切り替えます。ダイバーシティー管理職比率を策定した16年当時は、嘱託雇用に切り替える際、59歳まで管理職だった社員を一律に一般職に職位変更していました。しかしこれでは社員一人一人の本来の能力を十分に発揮できないと考え、60歳定年後も嘱託雇用でありながら管理職として働けるよう、17年に制度を改定しました。そして高年齢層の活躍推進の一環として、60歳～65歳をダイバーシティー管理職の構成員に含めることにしたのです。

高年齢社員が技能伝承

「リーマンを機に改革」の項で触れた通り、リーマン・ショックの際、コスト削減策と並行し社内改革を行いました。その一つが教育改革で、高年齢社員に若手のコーチ役になってもらいました。

具体的には、60歳の定年を迎え嘱託雇用となった高年齢社員に、65歳まで技術や技能を後輩へと伝承してもらう制度を創設しました。「プレーヤーからコーチへ」と銘打ち２００９年度から開始しました。コーチ役の労働は週20時間（１日４時間）とし、副業も容認。コーチ役２人でプレーヤー１人分の給与ですから、雇用も守れます。

17年には高年齢社員の継続雇用についての制度を拡充しました。管理職については、前項のダイバーシティー管理職の話で触れた通り、60歳の定年後も1年ごとに契約更新して65歳まで管理職として働けるようにしました。これはヨロズグループ全体の管理職不足を

当社役員とともにゴルフ（前列左端）＝2017年、静岡県・小山町

補う対策でもありました。また65歳以降については、当社子会社の人材派遣会社に登録してもらい、派遣社員として70歳まで勤務できるようにしました。当時は働ける企業がまだ少なく、マスコミで取り上げられました。

リーマン・ショック後の教育改革ではもう一つの大きな改善として、アーク溶接技能の伝承を取り入れました。アーク溶接は当社組み立てラインのほとんどで使われる溶接方法で、以前は人が手作業で行っていましたが、現在はロボットによる自動溶接です。ただしロボットに適切な溶接をさせるためには人間が条件を整える必要があり、そのために手溶接の経験が非常に役立ちます。

しかし手溶接の経験者は減る一方だったので、全拠点を対象に非量産部品のラインを技能伝承ラインと名付け、経験者から手溶接を教わるようにしたのです。これはかつて私が鉄鋼メーカーなどに見学に行って、ロボット化の陰で技能伝承ができなくなっているという懸念を聞いたことから思いついたアイデアです。

第5代社長に長男が就任

先に、働き方改革委員会を2017年に設立したと書きましたが、同委員会は18年度にその活動を工場にも広げる一方、本社においては21年度から各部門ごとの取り組みとして継承されています。同委員会の委員長は当初から志藤健で、現在も彼が働き方改革全体を統括しています。私の長男で、同委員会の設立時は第5代社長でした。

私は、人生は本人が決めるものだと思っています。父の創業したヨロズの存続を願っていますが、当社が今後も社会に貢献することが大事であって、経営陣が血縁者であることにはこだわりません。長男だから会社を継がせようなどとは思っていませんでしたし、実際彼は当初、まったく別の仕事をしていました。

現副会長である長男志藤健夫妻の結婚披露宴で。左から私、健の妻理沙、健、私の妻多恵子。当時、健はヨロズ大分勤務だった＝2006年

しかし本人がヨロズに入社したいと申し出てきたので、当社と取引のある運送会社で2年ほど勉強させてもらってから03年に入社させました。米国やインドの拠点を経験し、ヨロズエンジニアリングや庄内ヨロズの社長も務めました。情熱があり実績を上げたこと、また経営陣の若返りを図る目的もあり、16年に第5代社長に就任しました。

21年4月、それまで副社長だった平中勉が第6代社長に就任し、志藤健は副会長に就任しました。CASEをはじめとする自動車業界の大きな技術革新、脱炭素社会を見据えたESG経営、そして終息の見えない新型コロナ感染症などへの

対応として経営体制を強化すべく、会長、副会長、社長の3人体制としたのです。19年度までは3人体制でしたが20年度は会長と社長の2人体制だったので、もとの体制に戻したわけです。

ＣＡＳＥとはコネクテッド、自動運転、シェアリング、電動化を表す英語の頭文字をとった造語で、今後この4つの領域で自動車の技術革新が進んでいくと予想されています。

ＥＳＧ経営については後の項で詳述しますが、ＥＳＧは環境、社会、企業統治を表す英語の頭文字からつくられた造語です。

ちなみに当社は海外も含め全拠点を「子会社」としているので、情熱と能力のある社員にはこれら子会社の社長をどんどん経験させます。経営中枢に関わる後継者を育てるためです。子会社社長は社内の全てを把握し、迅速に決断を下さなくてはなりません。本人の成長に資するのはもちろん、経営陣がその人の能力を測る材料にもなるからです。

コロナ発生の武漢で

当社は中国に2カ所の生産拠点があります。広東省広州市にある广州萬宝井汽車部件有限公司と、湖北省武漢市の武漢萬宝井汽車部件有限公司です。略称はＧ－ＹＢＭ、Ｗ－Ｙ

BMですが、この項と次項では区別しやすいよう広州YBM、武漢YBMと書きます。

２０１９年の暮れ、武漢で新種の病気が発生したと耳にしました。しかし、気にもせずすぐに忘れてしまいました。年が明け、両拠点は20年１月22日から２月初めまで春節休暇に入りました。春節は中華圏における旧正月で、中国では前後１週間が国民の休日です。それに合わせ両拠点も例年休業しているのです。

春節休暇には多くの中国人が、故郷に帰省したり旅行に行ったりと大移動をします。両拠点の日本人幹部も日本に一時帰国しました。

ところが休暇に入った翌23日、武漢市が中国政府によって突然封鎖されました。新型コロナウイルスの感染拡大防止のためと聞いて驚きました。これを受け24日、日本の外務省は中国湖北省全域を対象に渡航中止勧告を出しました。

事態は急速に深刻化し、同国政府は春節の休日期間を２月２日まで全国規模で延長すると発表。新型コロナについては日本でも報道されていましたが、これほど大ごとになり、当社業務に影響が及ぶとは思ってもいませんでした。

春節休暇で多くの日本人ビジネスマンが中国から一時帰国していました。大多数の企業は休暇終了後も彼らを日本で待機させ、様子を見るという姿勢でした。しかし私は、武漢

日本自動車部品工業会の設立50周年記念パーティーで（左から２人目）＝2019年、東京都千代田区の経団連ホール

と広州両拠点の日本人幹部に「今のうちに中国に戻れ」と指示しました。

「でも武漢は封鎖されています」

「分かっている。だから全員、広州に入るんだ」

この時点で中国政府は、武漢市が位置する湖北省全域および浙江省において外出制限や高速道路の封鎖を実施。他省の都市でも同様の措置がとられつつありました。うかうかしていると広州市にも入れなくなる。とにかく、まず中国に入国しておくほうがいい。私の〝動物的勘〟が働いたのです。広州ＹＢＭからなら、武漢ＹＢＭに指示もしやすいです。

２月９日までに広州ＹＢＭの日本人幹

部全員が、少し遅れて武漢ＹＢＭの日本人幹部６人のうち３人が広州に戻りました。残る武漢幹部もその後３月上旬に２人が中国に戻り、２週間の経過観察期間を経て広州入りしました。中国政府は３月28日から外国人の入国自体を禁止したので、日本人幹部を中国に戻しておいて大正解でした。

２月中旬、湖北省以外では多くの自動車メーカーが稼働を再開しました。しかし自動車産業拠点の一つである武漢市が封鎖されているため、部品が調達できません。大連や北京で操業を再開したメーカーから、武漢ＹＢＭの在庫部品がほしいとの要請が当社に寄せられました。そこで現地の行政機関と交渉し、在庫を取り出す許可を得ました。

武漢に在住する中国人の当社物流担当者1～２人が工場を開け、自動車メーカーが手配したトラックに在庫部品を積み込みます。この作業を相手メーカーが取りに来るたびに繰り返しました。ですから、取引先への供給が止まることはありませんでした。武漢ＹＢＭの日本人幹部が広州にいたからこそ、可能だったことでした。

広州から武漢に指示

２０２０年３月11日、中国湖北省にある当社の拠点・武漢萬宝井汽車部件有限公司（武漢ＹＢＭ）は操業を再開しました。しかし新型コロナウイルス感染拡大防止のため同市の封鎖はまだ継続中で、市外からは人が入れません。武漢ＹＢＭの社員約５７０人のうち、同市在住者は約２７０人。それ以外は春節休暇で故郷に帰省するなどして、同市に戻れないままでした。

ですから再開は武漢在住の約２７０人の社員によって行われたのですが、彼らに指示を送ったのは、広州にいる武漢ＹＢＭの日本人幹部でした。私が「武漢が無理でもとにかく中国に戻れ」と、広州市にある当社拠点に早めに戻したのが奏功しました。遠隔システムを使っての指示でしたが、日本からではなく中国国内からなので、格段にスムーズでした。武漢市内の部品メーカーの中では断然早く操業を再開できました。

４月８日、武漢市の封鎖措置が解除されました。しかし外国人の中国入国は3月28日から禁止されていたので、春節休暇で一時帰国していた多くの日本人ビジネスマンは武漢どころか中国に戻ることができません。一方、当社の日本人幹部は待機していた広州から武漢に入ることができ、武漢ＹＢＭを本格的に再開できました。

さて武漢市が封鎖されたとき私は、武漢ＹＢＭで製造している部品のうち、他の拠点でも製造している部品がどのくらいあるか、直ちに調べました。１５２品目のうち91％にあ

コロナの影響で在宅勤務が進む本社。2021年３月の本社在宅勤務率は約55％を達成した＝2020年、横浜市港北区のヨロズ本社

たる１３８品目でした。武漢で製造する91％の部品は、世界中のヨロズグループのどこかの拠点で同じ品質のものを製造できるというわけです。武漢だけで製造する14品目も、中国国内の広州拠点に生産設備を運べばそのまま設置でき、すぐにつくれます。

これらは、当社が03年から経営改革の一環として推進した「標準化」の成果です。他拠点によるバックアップが可能なのです。例えば今回、武漢の代わりにメキシコ拠点から、中国にある欧州系自動車メーカーに部品を送る計画が進みました（先方の都合で実際には実行しませんでした）。

突然のコロナ感染拡大により、自動車産業に限らず世界中で部品供給網が混乱しました。経済のグローバル化が地球規模での感染拡大を招いたと指摘されています。改めて認識したのは、1カ所に集中することのリスクです。このリスクを回避するには、広く分散させることです。逆説的かもしれませんが、グローバル化をさらに進めることがリスク管理に有効なのです。

また手前味噌ですが、日本人幹部を早めに中国に戻したのが良い判断でした。私はとにかく早く手を打つことにしています。早く動けば、もし判断が間違っていてもやり直す時間があるからです。迅速に判断し直ちに行動、うまくいかなければ即座にやり直す。私の基本姿勢です。今回の武漢でも、早めの行動と従来進めてきた標準化により自動車メーカーへの部品供給が滞らずに済み、本当にほっとしました。

コロナ禍を逆手に勤務形態を見直し

当社の国内拠点ではコロナ禍による生産量激減への対応と感染予防の観点から、21年現在、本社とYOROZUグローバルテクニカルセンター（栃木県）の一般管理部門は可能な限り在宅勤務に、生産現場は、業務量と得意先生産体制に合わせて部署、ライン、社員

フリーアドレスになった４階オフィス。ミーティングスペースや会議室も設けられている＝2021年、横浜市港北区のヨロズ本社

ごとに可能な限り休業を実施しています。

これを機に、特に上記２カ所の一般管理部門は、在宅勤務率を50％にしたいと考えました。同じ時間に同じオフィスで働くことが、どれだけ必要で効率的か疑問だからです。働く人のモチベーションを上げ、生産性を高めるためにどんな働き方がいいのか、考える好機です。コロナが収束しても、当社は働き方をコロナ以前のスタイルに戻すつもりはありません。

21年5月の連休明け、本社ではオフィス機能を大きく改革しました。最も大きな改革は、４階フロアをフリーアドレス（自由席）オフィスに改造したことです。

フリーアドレスとは固定席を設定せ

４階ロビーには、セルフ会計のミニコンビニコーナーも新設された＝2021年、横浜市港北区のヨロズ本社

ず、空いている席を自由に使う方式です。コロナ以降、感染予防のため在宅勤務や時差出勤、出社制限などが広がりオフィスに空席が増えたことから、導入する企業が増えたようです。オフィススペースの有効活用や、メリハリのついた働き方による生産性の向上、組織を超えたコミュニケーション、またソーシャルディスタンスの確保などのメリットが見込めます。

当社でも本社は在宅勤務率が増加（21年3月には約55%を達成）していることから、フリーアドレスオフィスの導入に踏み切りました。

初日、10分弱のささやかな開所式を行

いました。出社している社員はまばらでしたが、まさにそれでいいのです。私はこんな話をしました。

「ピンチのときこそチャンス。当社はつねづねそう考えてきました。このフリーアドレスオフィスは、その一番新しい事例です。コロナ禍のもと在宅勤務を推奨し、働き方を大きく変えることができました。その結果本社の使用スペースが減ったので、4階をこのようなフリーアドレスオフィスに改造し、オフィス機能を集約しました。他のフロアの空いたスペースは、将来的には社会貢献の一つとして地域の皆さまに外部貸し出しすることを検討しています」

どんなに大変でつらいときでも、何か一つくらいは良いものを生み出したり手に入れたりしたい。未曾有のコロナ禍においても、人間のできることはきっとたくさんあるはずです。

成長の鍵握るＥＳＧ

日産自動車は２０１１年から「日産パワー88」という6カ年計画で拡大路線をひた走り、20年、深刻な赤字に陥りました。同計画に追随し、２年８カ月間で6拠点の海外生産拠点を新設するなどした当社も同様でした。

日翔会懇親ゴルフ会で同会長としてあいさつ。同会は日産取引先で構成される協力団体＝2018年、綾瀬市

6年後の17年、パワー88は終了しましたが、その目標はほとんど達成できないままでした。

当社はパワー88が掲げる大量の台数分の部品をつくるため、生産設備にそれだけの能力を持たせるべく資金を投入しました。でも車は計画通りには売れず、日産は生産台数を減らし、当社も部品の生産量を計画より減らしました。従って、設備投資のコストを計画通りには回収できませんでした。

そこで減損という会計処理を行わざるを得なくなりました。生産拠点の資産価値を帳簿上、減額するのです。パワー88に関する当社の赤字は、主にこの減損会計により生じたものです。

当社の売り上げに占める日産の割合は、20年時点で7割近くありました。日産が赤字になれば当社も赤字になるのはやむを得ません。20年の株主総会では、日産との関係を見直すべきだという意見が出ました。しかし私は、見直しはしないとお答えしました。

企業は雇用を守ることに大きな責任を負っています。そのためにも、事業というのは継続する必要があるからです。日産の現状が非常に厳しいのは事実です。しかし日産車のサスペンションは、国内生産車は日産自社または当社製、海外生産車の大半は当社製です。つまり外部委託分はほぼ全量を当社が受注しています。事業の継続には、こうした強い結びつきのある顧客が不可欠なのです。

また、日系自動車メーカー各社には、それぞれ長い時間をかけて信頼関係を築いてきた主力部品メーカーがあります。他社の比率を上げるのは至難の業です。

さて、事業の継続・発展のために当社が重視するのがＥＳＧへの取り組みです。Ｅは環境、Ｓは社会、Ｇは企業統治を表します。それぞれ、国連で開かれたサミットが採択したＳＤＧｓ（持続可能な開発目標）に関連しています。

ＥＳＧを重視するのは社会貢献やリスク対策のためだけでなく、当社の利益になるからです。先に書いた女性や外国人、高年齢社員の積極的な採用は働き方改革やダイバーシティー（多様性）推進の具体例であり、ＥＳＧのＳの取り組みの一つです。社員の多様性が、会社に成長や発展をもたらすのは明らかです。

ＥＳＧで力を入れているのはCO_2排出量削減、具体的には部品の軽量化です。部品が軽量化すれば車の重量も軽くなり、燃費が向上することでCO_2排出量が減るほか、部品の生産過程においても排出量が削減できます。もう一つは節水です。当社はカチオン電着塗装の工程で多量の水を使うので、効率的な使用法を工夫しています。またトイレも、数値を計測しながら、１人あたりの使用量を減らす活動をしています。

身近なところでは地域の清掃や環境保護活動への参加、災害備蓄品のフードバンクへの寄付などを行っています。

地球やこの社会が持続しなければ、企業も人間も生きていけません。切実な当事者意識をもってＥＳＧ活動に取り組み、企業としての社会的責任を果たそうと日々努めています。

１００年企業になる日を目指し

現在当社が進めている新事業は、金型の請負生産です。山形県にある子会社・ヨロズエンジニアリング（ＹＥ）は、ヨロズグループ用の金型や生産設備をつくっていますが、ここで他社のための金型もつくることにしたのです。人口の減少に伴い国内の自動車生産量が減少する中、雇用を守るために新しい事業を展開しないとならないからです。

ただし、YEの現状は当社グループ用の金型や生産設備をつくるだけで手いっぱいです。そこで一部の仕事を金型メーカーなどに外部委託し、空いた分で自動車メーカーや部品メーカーから受注します。

なぜこのような回りくどいやり方をしてまで、金型の請負生産を行うのか。第一に、前述のように新規事業開拓の必要性に迫られているからです。第二に、社内向けだけの金型生産では技術力が鈍る恐れがあるからです。第三に、外部委託をすることで他社から学びや刺激を得られるからです。そして第四に、日本の金型メーカーは小規模会社が多く、しかも減少の一途だからです。製造業の土台ともいえる金型技術が消滅したら、日本の産業が危機に瀕するからです。金型の請負生産は20年度から実際に始めました。21年現在、売り上げも出て、順調に軌道に乗りつつある状況です。

国内の自動車生産量が減少しているとはいえ自動車の生産は、世界規模で見れば減ることはないと思われます。移動手段として自動車は絶対に必要だからです。生産は需要のある場所で行うのが効率的ですから、当社は海外での生産を今後も一層増やしていくことになるでしょう。

「振り返れば、日産自動車ＣＥＯだったゴーン氏に感謝です。系列解体のおかげで当社は大きく成長できました」＝2020年、横浜市港北区の本社前

当社は２０２０年で創業72周年を迎えました。創業以来多数の社員が本当に頑張ってくれたおかげです。日産自動車リバイバルプランへの対応では福島ヨロズの閉鎖や早期退職優遇制度の実施、リーマン・ショックの際は米国の２拠点を閉鎖と、多くの社員に大変な苦労をかけました。皆がつらい思いをしながら厳しい時代を乗り切ってくれたおかげで、今があります。これまでの、そして現在の社員全員に心から感謝します。

「為《な》せば成る　為さねば成らぬ　何事も　成らぬは人の為さぬなりけり」

米沢藩主・上杉鷹山《ようざん》のこの言葉を、

私は40年ほど前から座右の銘としています。自ら行動する。最後まで諦めない。そうすれば必ず道は開ける。この信念でビジネスに取り組んできました。そんな私を妻の多恵子は精神的に支えてくれ、仕事人間の私に代わって家庭を切り盛りしてくれました。感謝しています。

今願うのは、当社が１００年企業に成長することです。私には小学生の孫がいます。孫の世代が大人になったとき、より良い社会や地球環境を手渡せるよう、企業の社会的責任を果たしながら発展していってほしい。そしてそのために最も重要なのは、人財の育成だと思っています。

おわりに

神奈川新聞の連載「わが人生」のお話をいただいたのは２０２０年春のことでした。原稿作成の時間を取れるかどうか心配でしたが、その直前の年末年始に突如起きた新型コロナウイルス感染拡大の影響により、海外を含む出張はすべて中止、会議もオンラインが主流になるなどした結果、思いがけず時間の余裕ができました。

同年5月末から準備にとりかかり、9月・10月・11月の3か月間、計62回の連載で半生を振り返りました。その連載をまとめ、若干の加筆を行ったものが本書です。

今回の連載・書籍化を通して感じたのは、２０００年、日産自動車からの系列解消が私自身に与えた影響の大きさです。既定のレールの上に乗って目の前の課題をひたすらこなしていた私が、生まれて初めてと言っていいくらいに悩みに悩み、たったひとりで決断しなければならない状況に追い込まれました。ビジネスマン人生でもっとも苦しんだ時期でした。

この苦境をどうにか乗り越えた後、経営者として視点が変わりました。また、自分が主体となって競争力を高めたり効率を上げたりしていかなければならないのだと強く自覚するようになりました。もしあの系列解消がなかったら、私は一人前になれなかったと思います。ヨロズにとってはもちろん、私個人にとっても大きな転機でした。

海外での事業展開も、私に大きな影響を与えました。海外では、日本企業や日本人がマイノリティになる場面もあります。自分を相対的に見ることができるようになりました。すると、性別や国籍や身体的特徴や文化の違いなども相対化して考えられるようになりました。違いは違いとして認めつつ、どの人も自分と同じだ、平等なんだと自然に思えるようになりました。

最近、渋沢栄一の著作を読み返しています。日本資本主義の父と呼ばれる渋沢は、「道徳経済合一」を中心的な思想としました。企業は利益を追求する存在であるが、ただし道徳をもって行わなければならないという思想です。彼の偉大さとともに、道徳経済合一が現代の企業においても必須であることを再認識しています。

「すべてのステークホルダー（利害関係者）に責任を果たす」は当社のモットーの一つですが、渋沢の道徳経済合一に通じると思っています。企業が適正な利益を上げる際には自社だけ儲かればよいわけではない、相手にも周りにも利益やメリットがなければならない。言い換えれば、これが企業の社会的責任だと思います。こうした考え方が少しずつ身に着いたのも、一つには海外事業に長年取り組んだおかげです。

さて本書でも何度か書いた通り、経営者として私が最も重視しているのは「雇用を守る」です。しかし社長在任中の２０００年、日産リバイバルプランのコスト削減目標を実現するために福島ヨロズを閉鎖し、早期退職制度を実施しました。08年にはリーマン・ショックの影響で北米の子会社2社を整理しました。社員には大変な苦労とつらい思いをさせてしまいました。経営者として二度とこのようなつらい決断はしたくありません。

当社には派遣社員はいますが、契約社員やパートタイム・アルバイト、非常勤等の非正規社員はいません（ただし、「期間工」および定年退職後に再雇用した契約社員は存在します）。原則的には、正規社員と派遣社員のみです。

雇用を守ることは、こうしたすべての社員が安定した生活を送るための大前提です。社員の生活の安定は、会社経営の安定にもつながります。「雇用を守る」ことを、当社は今後も全力で堅持していきます。

先に、私の人生に大きな影響を与えたものとして系列解消と海外事業を挙げましたが、もう一つ、五十年以上をともに暮らす妻多恵子の存在があります。自らの気持ちに正直に行動する彼女の姿が、世の中にはさまざまな価値観があることやそれを尊重することの大切さを私に教えてくれたように思います。

連載と本書作成を通し、ヨロズも自分も実に多くの方々に支えられてきたことを改めて感じました。これまで出会ったすべての皆さまに心から感謝申し上げます。ありがとうございます。

志藤昭彦

2021年夏

「為せば成る　為さねば成らぬ　何事も　成らぬは人の為さぬなりけり」

満開のハカランダス（ジャカランダ）の木の下で。ヨロズメヒカーナ（ＹＭＥＸ）への出張時。左から岡本修ＹＭＥＸコミサリオ（当時）、私、平野紀夫ＹＭＥＸ社長（当時）、矢後敏之ＹＡＡ社長（当時）＝2016年、メキシコ

著者略歴

志藤　昭彦（しどお・あきひこ）

1943年横浜市生まれ。65年、日本大学経済学部卒業。68年、萬自動車工業（現ヨロズ）入社。生産管理部長、取締役（常務・専務）、代表取締役（専務・副社長･社長）などを経て、2008年から代表取締役会長･最高経営責任者（CEO）。16年、日本自動車部品工業会会長就任（現在は理事）。18年より経団連幹事、13年から21年日翔会（日産自動車の取引先200社以上で構成される協力団体）会長。13年、旭日小綬章受章。横浜市在住。

わが人生20　町工場からグローバル企業へ―苦難を乗り越えて―

2021年10月20日　初版発行

著　　者　志藤昭彦

編集協力　北川原美乃

発　　行　神奈川新聞社
〒231-8445 横浜市中区太田町2-23
電話 045(227)0850（出版メディア部）

　ISBN978-4-87645-657-4　C0095

神奈川新聞社「わが人生」シリーズ

1 医師ひとすじ 信念を持って 神奈川県医師会会長 田中 忠一
2 スカイラインとともに S&Sエンジニアリング社長 櫻井眞一郎
3 いつも滑り込みセーフ 横浜高校監督 渡辺 元智
4 湘南の獅子 地域に生きる 湘南信用金庫理事長 服部 眞司
5 大正浜っ子奮闘記 崎陽軒会長 野並 豊
6 かわさき農歓喜 JAセレサ川崎代表理事組合長 小泉 一郎
7 湘南讃歌 俳優 加山 雄三

神奈川新聞社「わが人生」シリーズ

※肩書は出版当時のもの